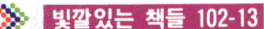
빛깔있는 책들 102-13

# 창덕궁

글/장순용 ● 사진/김종섭

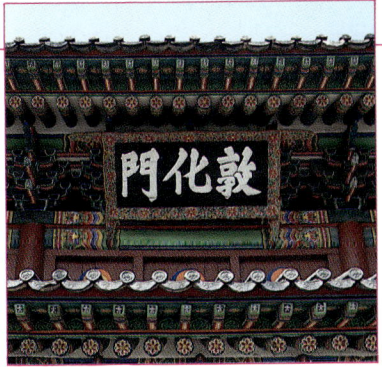

대원사

장순용 ─────────
한양대학교 건축공학과와 서울
대학교 환경대학원을 졸업하였
다. 동양공전 건축과에 출강하
였고 현재 삼성건축설계사무소
대표로 있다. 창경궁 복원 정비
설계, 경희궁 복원 정비 설계
등을 하였고, 논문으로 '신라
왕경의 도시계획에 관한 연구'
가 있다. 주요  보고서로「부산
동래향교 실측조사 보고서」「경
기도 문화재 실측조사 보고서」
등이 있다.

김종섭 ─────────
사진작가

빛깔있는 책들 102-13

# 창덕궁

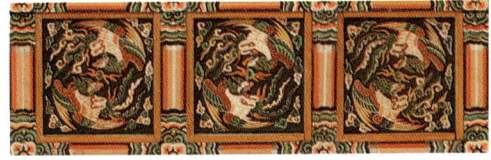

# 창덕궁

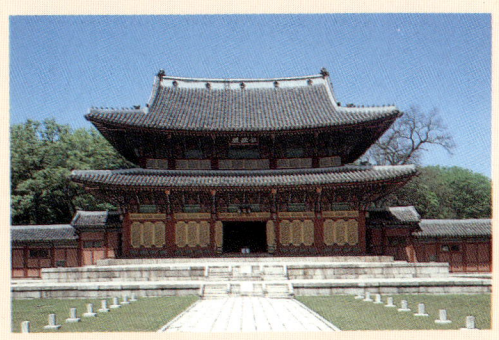

# 머리말

조선이라는 한 시대가 막을 내린 뒤 100년도 안 되는 기간에 그리고 대한민국 정부가 수립되고 50년도 못 되는 기간에 우리 생활의 터전인 한반도 안에서 이 땅의 백성들은 시련과 고통 속에 어려운 삶을 헤쳐나가야 했다.

그런 과정에서 자의적이든 아니든 서양 문물을 받아들여 사회 구조와 의식 구조에 큰 변혁을 가져왔으며, 점차 경제적인 안정을 이룩하게 되자 우리의 모습과 역사를 돌이켜보는 여유도 생기게 되었다.

그러나 역사적으로 본다면 그리도 짧은 세월 동안에 과거와는 분리된 듯한 오늘날의 모습을 생각하면 불과 100년 전의 역사가 까마득한 옛 이야기처럼 느껴지는 우스꽝스런 현실에 처해 있다는 것을 부인할 수도 없다.

그런 의미에서 돌이켜 생각하면 이 땅에서 마지막 왕조가 이룩해 놓은 궁궐도 한낱 관광 대상물로 생각하기 이전에 정리하고 소화해야 할 내면적이고 정신적인 과제가 쌓여 있다는 것을 인식해야 할 것이다.

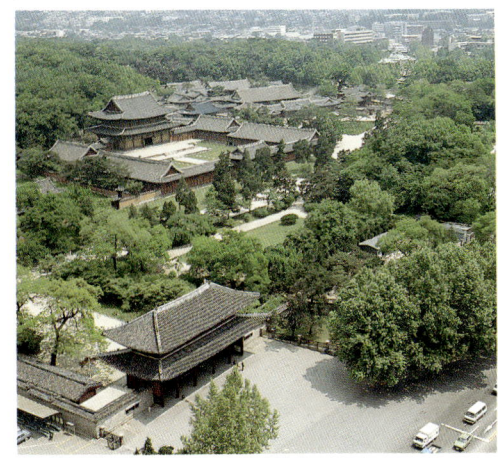

**창덕궁 전경** 경복궁의 동쪽에 조성된 창덕궁은 경복궁의 상대적인 위치로 '동관대궐' 또는 '동궐'이라 불린다.

　궁궐을 역사적이고 문화재적인 가치로 판단하고 정리할 때는 정리해야 할 내용의 분야도 많거니와 접근 방법 또한 여러 가지임은 애써 말할 필요가 없다. 그러나 여기서는 궁궐 건립의 간략한 역사와 배치 그리고 개개 건물이 건립되는 시기와 기본 구조를 살펴보고 사진과의 대조를 통해 창덕궁의 건물들에 대해 간단히 살펴보겠다. 다만 창덕궁의 후원(後苑) 부분은 제외하였다.

　실제로 건물들의 역사를 훑어보면 현재의 건물들이 창덕궁에서 만들어진 것보다는 다른 궁궐에서 이건된 것들이 더 많은 것을 알수 있다. 그런 이유 때문에 건립되는 시기는 늦더라도 세부적인 수법에서는 건립 연대가 올라가는 건물도 있고, 동일한 양식이면서도 그러한 기법의 차이에 의해 서로 다른 분위기를 자아내고 있다. 그와 같은 세부적이고 전문적인 사항들을 여기에서는 다루지 못하지만, 역사적인 배경을 파악하고 실제의 건물을 대한다면 건물에서 느끼는 감각이 약간은 달라질 수 있을 것을 기대하면서 앞으로 관심있는 분들의 많은 연구로 궁궐에 담겨진 내용이 체계적으로 정리 발표되기를 바라는 마음이 간절하다.

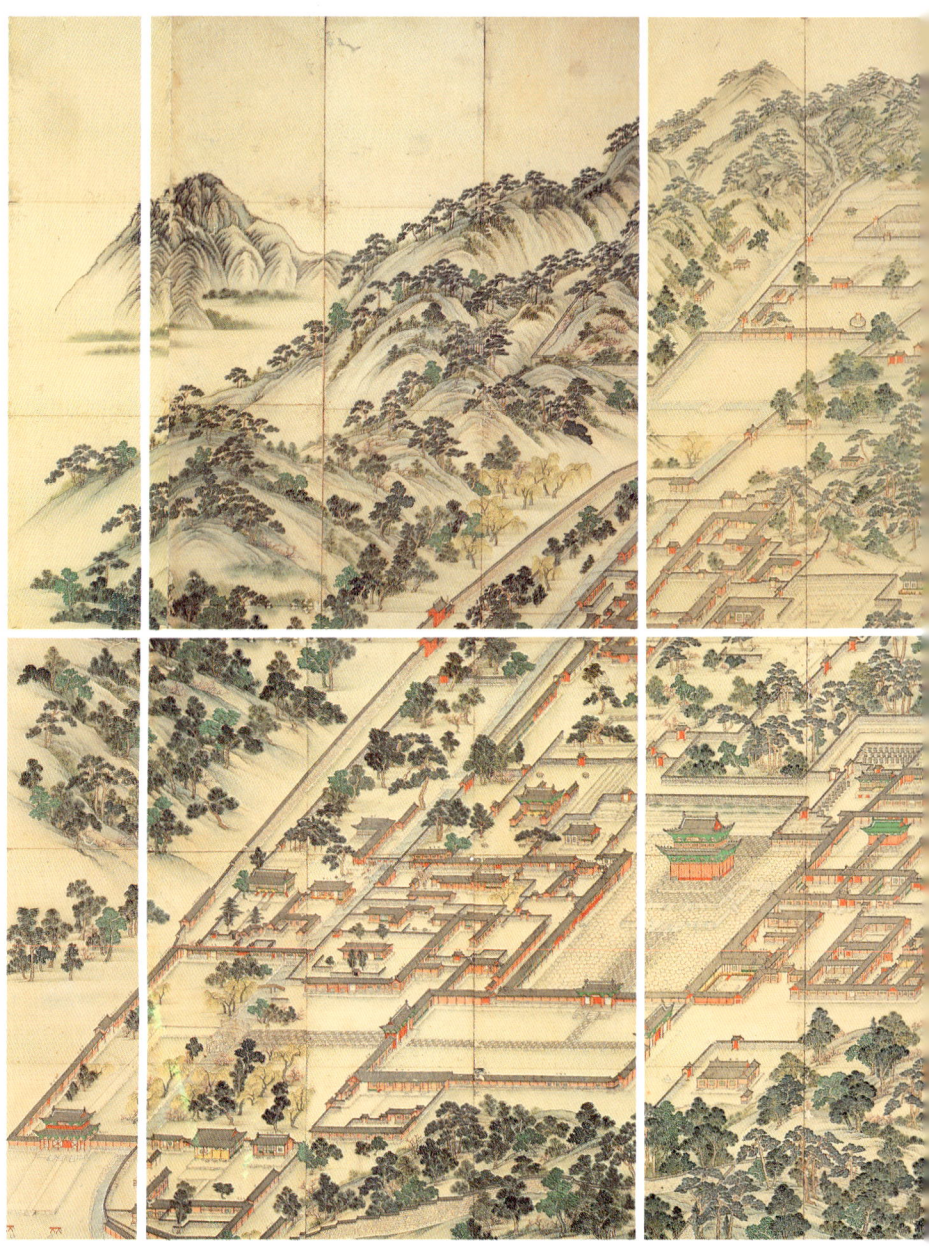

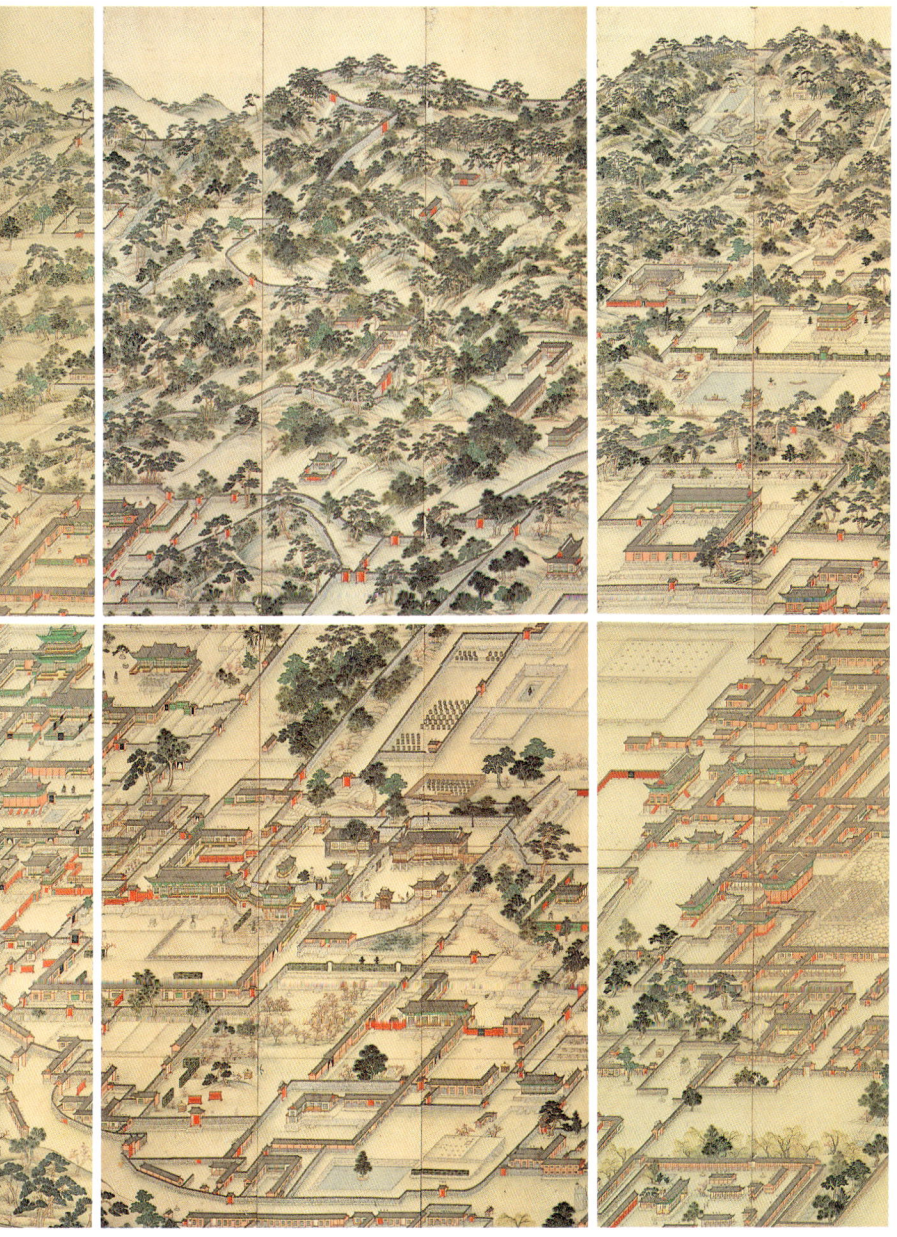

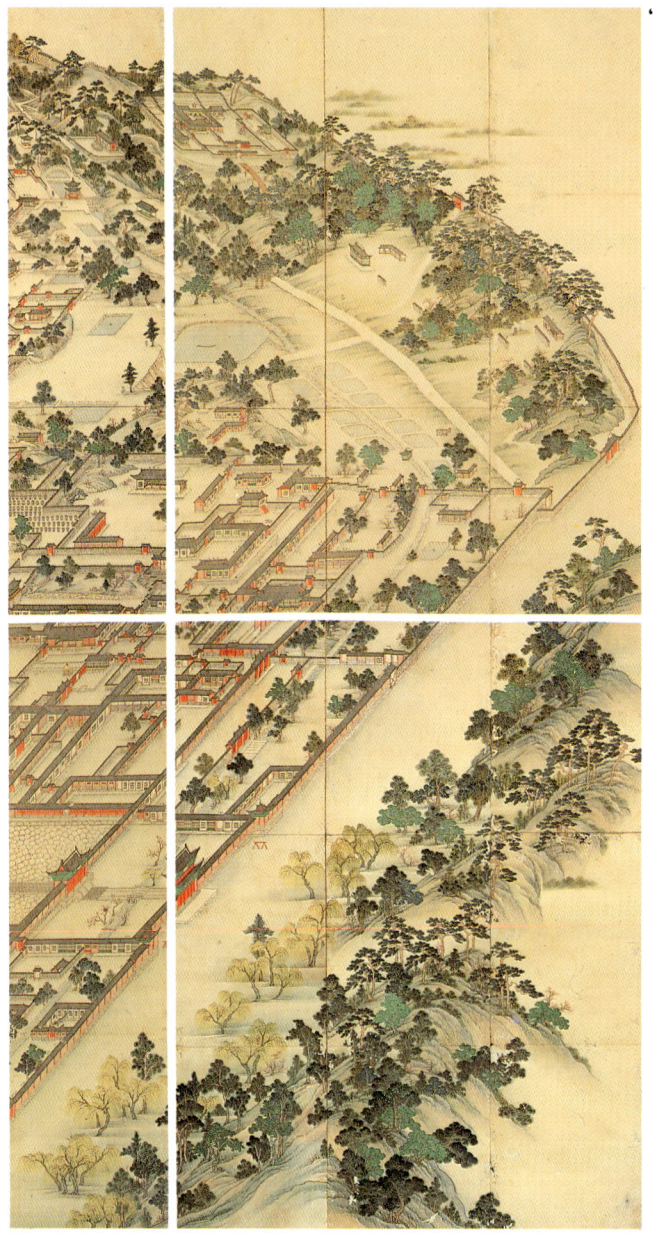

# 창덕궁의 역사

    태조 이성계가 조선을 건국하고 수도를 한양으로 옮기기로 하고 경복궁을 창건한다. 그러나 2대 정종은 다시 개성으로 환도하였고 3대 태종 때에야 수도를 한양으로 옮길 준비를 하면서 경복궁 동쪽에 별도의 궁궐 조성이 있게 된다.

    곧 태종 4년(1404) 10월부터 향교동(鄕校洞)에 궁궐 조성이 시작되어 태종 5년 2월에는 정전(正殿)이 건립되고 10월에는 대체적인 공사가 마무리되었고 궁의 이름을 창덕궁이라 하였다. 먼저 창건된 경복궁의 동쪽에 조성된 창덕궁은 정궁(正宮)이 아닌 이궁(離宮)의 성격으로 건립되며 경복궁에서의 상대적인 위치로 '동관대궐' 또는 '동궐(東闕)'이라 불린다.

    초창기의 창덕궁이 외전(外殿) 74칸, 내전(內殿) 118칸이라는 기록을 보면 지금의 창덕궁의 규모보다는 작았던 것으로 보인다. 1차 궁궐의 조성이 끝난 뒤에도 공사는 계속되어 궁내에 누각을 짓기도 하면서 태종 6년에 광연루(廣延樓)가 이룩되고 태종 11년(1411)에는 진선문(進善門)과 금천교(錦川橋)가 세워지고, 12년에는 궁의 정문인 돈화문(敦化門)이 건립된다.

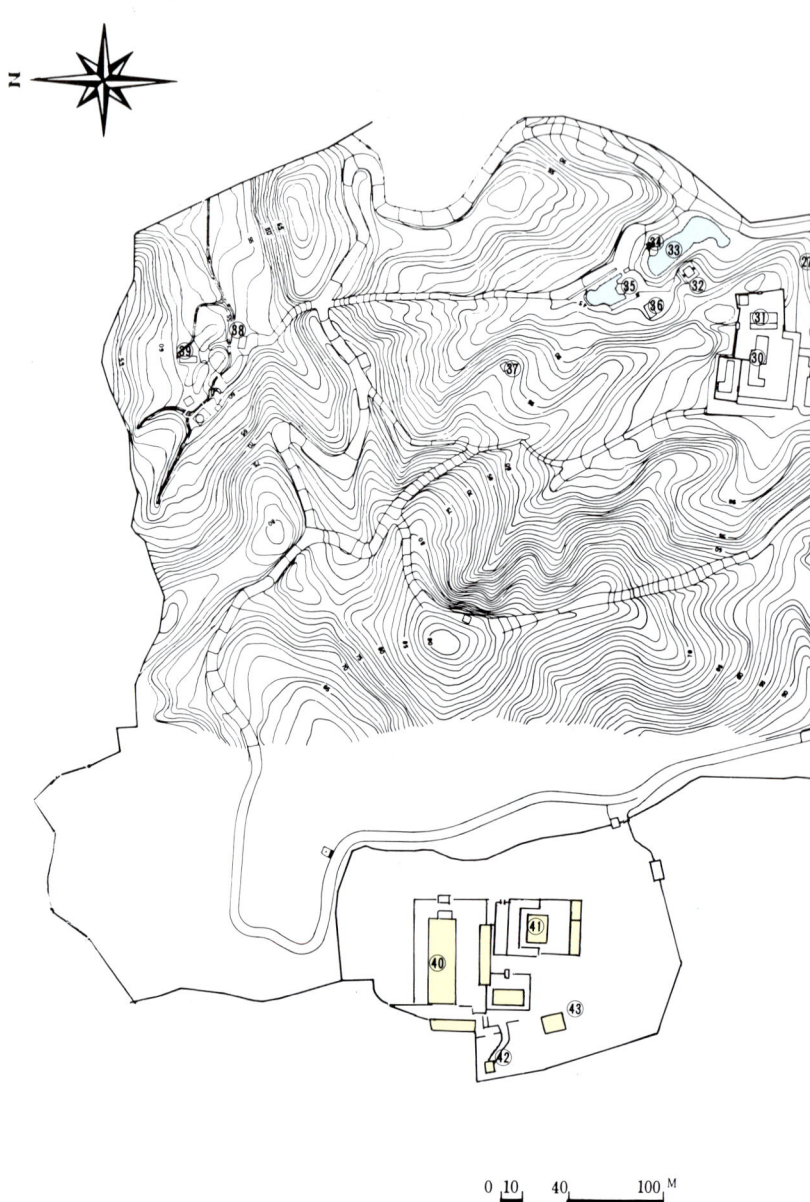

0 10 40 100 M

12 창덕궁의 역사

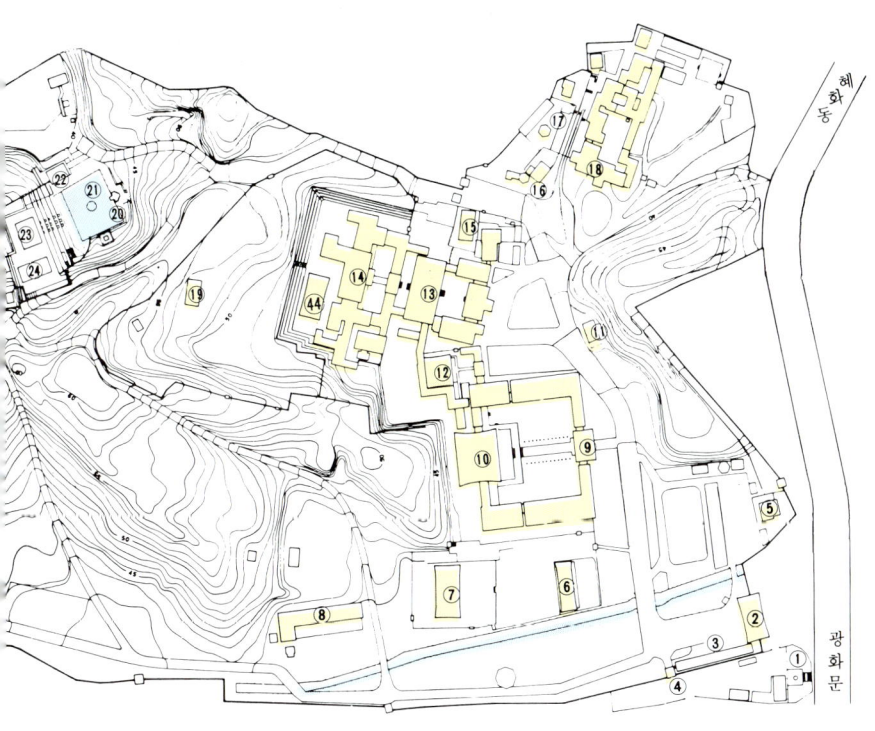

창덕궁 전체 배치도

| | | | |
|---|---|---|---|
| 1. 민충정공 동상 | 2. 돈화문 | 3. 관리사무실 | 4. 금호문 |
| 5. 어차고 | 6. 창고 | 7. 구 선원전 | 8. 의풍각 |
| 9. 인정문 | 10. 인정전 | 11. 어차고 | 12. 선정전 |
| 13. 희정당 | 14. 내전 | 15. 관물헌 | 16. 승화루 |
| 17. 상량정 | 18. 낙선재 | 19. 가정당 | 20. 부용정 |
| 21. 부용지 | 22. 영화당 | 23. 주합루 | 24. 서향각 |
| 25. 기오헌 | 26. 애련지 | 27. 애련정 | 28. 연지 |
| 29. 장락문 | 30. 연경당 | 31. 선향재 | 32. 승재정 |
| 33. 반도지 | 34. 관람정 | 35. 존덕정 | 36. 폄우사 |
| 37. 청심정 | 38. 취한정 | 39. 청의정 | 40. 신 선원전 |
| 41. 의로전 | 42. 계궁정 | 43. 봉답정 | 44. 경훈각 |

창덕궁의 역사 13

그리고 창덕궁의 정전이 준공된 지 10여 년 뒤인 태종 18년에 다시 짓게 하여 같은 해인 세종 즉위년 9월에 완성된다.

세종은 경복궁의 근정전에서 즉위하고서는 바로 수리중인 창덕궁으로 옮기고 인정전이 완성된 뒤에는 창덕궁 안에 집현전, 장서각 등을 새로 건립한다.

세조 7년(1461)에는 전각의 이름을 개정하는데 그 이전에는 위치나 용도로 건물이 호칭되었던 것이 비로소 고유 명칭이 체계적으로 부여된다. 세종대에서 연산군대까지는 간간이 공사가 있었고 궁이 창건된 지 50년 뒤인 단종 때에는 대대적인 보수 공사가 있었다. 그 뒤 연산군 때에도 대대적인 개수 공사가 있었다.

선조 25년(1592) 임진왜란으로 임금이 급히 의주로 피난하자 흥분한 백성들은 도성 안의 궁궐과 관아, 관청의 문서들을 불사르고 창고의 재물을 약탈하는 등 일시에 무법천지가 된다. 그동안 엄청난 국력을 들여 세워진 시설물들이 일시에 없어지는 그런 시기에 경복궁과 창덕궁, 창경궁의 건물들도 대부분 잿더미로 변한다.

피난한 지 1년 뒤인 선조 26년 10월에는 의주에서 한양으로 환도하였으나 궁궐이 피폐하여 거처가 마땅치 않으므로 지금의 덕수궁 자리인 월산대군(月山大君)의 저택을 행궁(行宮)으로 삼아 7년 동안 왕궁으로 사용한다. 환도하여 10년이 지나도록 궁궐의 재건은 엄두도 내지 못하는 형편으로 지내다가 선조 말년에 창덕궁의 재건이 먼저 착수되어 1608년에는 인정전 등의 주요 전각이 복구되고 광해군 1년(1609)에 일차 공사가 마무리된다. 경복궁에 앞서 창덕궁이 먼저 복구되는 배경에는 그 전에도 주로 창덕궁에 많이 거처하였으며, 또한 경복궁이 풍수지리적으로 불길하다는 의견이 작용된 것으로 보고 있다. 일차의 복구 공사가 완료된 뒤에도 공역은 계속되어 후원에 정자도 건립되고 천문 관측소인 흠경각(欽敬閣)도 재건된다. 국가 재정이 빈약한 시기에 큰 공력을 들여 창덕궁을 중건하고

서도 광해군은 여러 가지 이유로 옮기기를 꺼려하였다.

광해조에 중건된 지 10년 뒤에는 인조 반정(仁祖反政)으로 반정군(反政軍)이 창덕궁에 들어가 왕을 수색하다가 실화(失火)하여 손을 댈 사이도 없이 크게 번져 인정전, 약방, 홍문관 등의 외전 일부를 제외한 대부분의 전각이 소실되고 말았다. 창덕궁의 화재로 인조는 경운궁의 별당(別堂)에서 즉위하였고, 뒤이어 반정 공신의 공적 평가에 대한 불만으로 일어난 이괄(李适)의 난(인조 2년) 등의 사정으로 인하여 인조 25년(1647)에야 창덕궁을 중건한다.

복구된 건물은 인정전 동월랑(東月廊), 승정원, 선정전 등 314칸과 내전(內殿)의 대조전, 희정당, 태화당, 보경루, 징광루 등과 행각, 월랑 등의 421칸으로 합계 735칸이 되는 큰 공사였다. 이때의 중건에는 광해군이 인왕산 아래에 건립한 인경궁(仁慶宮)의 전각들을 철거하여 그 자재를 사용함으로써 공사는 6월에 시작하여 5개월 만에 완성하고 11월에는 왕이 거처를 옮기게 되었다.

인경궁의 자재를 사용하면서 경우에 따라서는 인경궁의 건물을 그대로 옮겨 놓은 것도 있으며 인경궁 건물과 비슷하게 재건된 건물도 많았으므로 결과적으로는 창덕궁의 건축 형태에 큰 변화가 있었던 것으로 보인다.

그 뒤 정조대까지 대규모의 공사는 없었으며 효종 7년(1656) 8월에는 인조의 계비(繼妃)이며 효종의 계모인 장렬왕후(莊烈王后) 조대비(趙大妃)의 거처를 위하여 인정전 북서쪽인 예전의 흠경각 자리에 만수전(萬壽殿) 건립을 착수하여 이듬해 완공된다. 만수선을 포함하여 주변의 행각과 월랑 등의 250여 칸이 이룩된 것이다. 그 뒤 현종 8년(1667)에는 대비인 인선왕후(仁宣王后)을 위해 경덕궁(慶德宮:뒤에 慶熙宮으로 개명, 전 서울고등학교 터)의 집희전(集禧殿)을 철거하여 집상전(集祥殿)을 영건한다.

숙종 13년(1687)에는 만수전과 천경루(千慶樓)가 소실되었고,

숙종 30년(1704)에는 임진왜란 때에 원군을 파견한 명(明)의 신종(神宗)을 위한 대보단(大報壇)을 후원에 설치하였다.

영조 20년(1744)에는 승정원에서 화재가 발생하여 인정문과 좌우의 행각이 소실되고 이듬해에 중건되었다. 정조 6년(1782)에 중희당(重熙堂)을 관물헌(觀物軒) 동쪽에 건립하였고, 인정전 앞뜰에 품계석(品階石)이 설치되었고 전각의 수리가 간간이 있었다.

순조대에 들어와서는 궁궐에 큰 화재가 발생한 시기이기도 하여 순조 3년(1803) 12월에는 인정전이 소실된 것을 이듬해에 중건하였고, 11년에는 예문관(藝文館;임금의 칙령과 教命을 기록하던 곳)과 향실(香室;대궐의 제사에 사용하는 香과 祝文을 맡아 보던 곳)의 화재로 많은 서적이 불탄다. 이윽고 순조 33년(1833)에는 큰 화재가 발생하여 대조전과 희정당을 비롯하여 내전의 태반이 소실되자 왕은 빠른 기일 안에 중건할 것을 명령하여 그해 10월에 착공하여 이듬해 9월에 완공한다. 이 당시의 중건에는 전의 건물터에 규모를 바꾸지 않고 대조전을 비롯하여 370여 칸을 복구하였다.

그 뒤 헌종 12년(1846)에는 후궁들을 위한 낙선재의 건립이 있었으며, 철종 8년(1857)에는 순조 4년에 중건한 인정전이 퇴락하여 건물을 완전히 해체하는 개수 공사가 있었고 고종 14년(1877)에도 창경궁과 함께 수리 공사가 있었다.

융희 1년(1907)에는 순종이 즉위하고 1910년 8월 29일에는 한일합방의 조약이 인정전에서 이루어지고, 순종은 창덕궁 전하(昌德宮殿下)로 격하되면서 500여 년의 조선 왕조가 막을 내리게 된다. 그 뒤로 왕실의 규모는 큰 변화없이 유지되지만 실권을 넘겨준 궁궐에는 망국(亡國)의 슬픔이 감돌았다.

그러던 1917년 겨울에 또 한차례의 큰 화재가 발생한다. 대조전 서쪽에 연접된 나인(內人)의 갱의실(更衣室)에서 불이 일어나 순종과 황후는 급히 후원의 연경당으로 피신하였으나 대조전, 희정당,

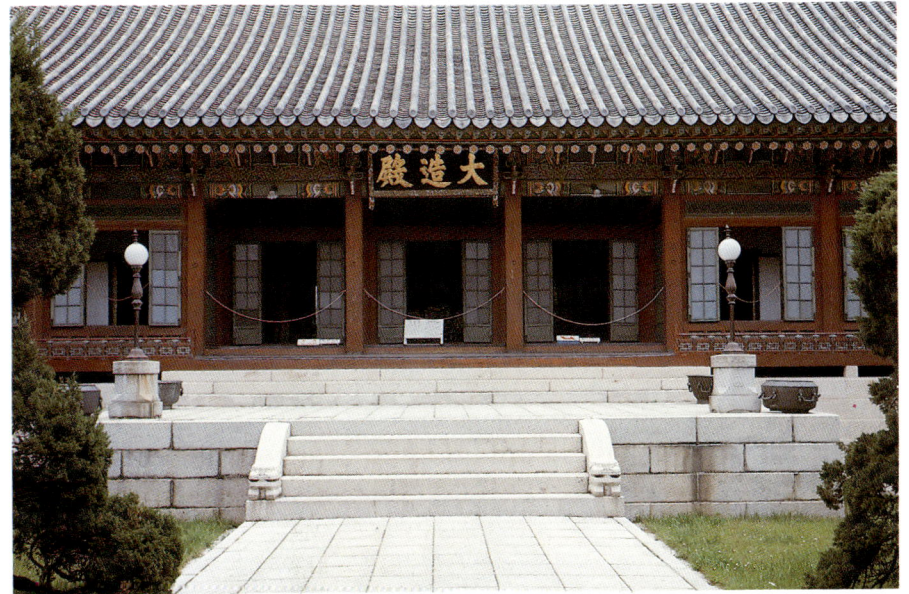

**대조전** 1926년 4월 25일에는 조선의 마지막 임금인 순종이 대조전에서 승하하여 창덕궁은 주인을 잃게 된다.

경훈각 등을 비롯하여 선정전 동쪽의 내전이 대부분 소실되었다. 이 화재로 내전에 보관되었던 많은 서화와 귀중품도 소실되었으며 이 화재는 고의적인 방화 사건으로 전해지고 있다.

순조 33년에 화재가 있은 뒤 이듬해에 왕이 승하한 예와 비슷하게 1919년 1월에는 고종이 세상을 떠났고, 이어서 3·1 운동이 일어나고 고종의 장례 등으로 인하여 중건 역사는 1920년에야 준공을 보게 되었다. 화재 뒤의 대책 회의에서는 700평 가량의 전각을 한옥에 서양식으로 절충키로 하고 1919년까지 54만 6,300원을 들이기로 하였다가 다음 회의 때에 경복궁의 건물을 헐어서 중건하는 것으로 변경된다. 일제의 궁궐 파괴가 본격적으로 행해지기 시작하였던 것이다.

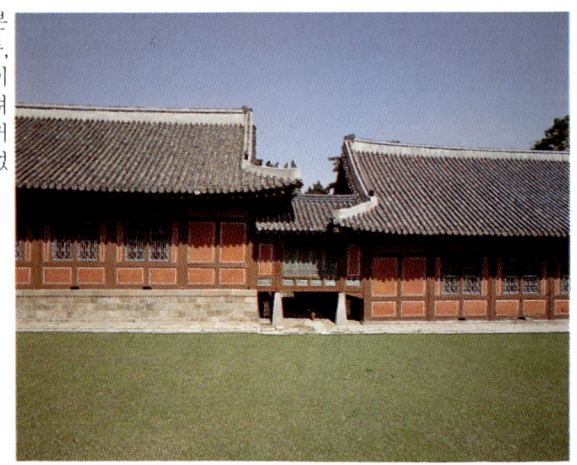

**인정전 행각과 월랑** 일본 인들에 의해 인정전 동, 서행각과 인정문, 월랑이 전시장 용도로 꾸며져 개조되고 전각들이 철거 되는 변모를 겪게 되었 다.

이때 창덕궁에 중건된 건물은 대조전, 희정당, 흥복헌, 경훈각, 함원전 등이었고, 중건을 위해서는 교태전, 강녕전, 경성전, 흠경 각, 함원전, 만경전 등의 경복궁의 주요 전각이 철거되는 수모를 겪는다.

중건이 끝난 이듬해에는 창덕궁 후원의 서북쪽에 선원전(璿源 殿)을 새로 지어 역대 제왕의 어진(御眞:임금의 화상이나 사진)을 이봉(移奉)하고 인정전 서쪽에 있던 구(舊) 선원전은 폐지된다. 왕실의 상징적인 장소를 외진 곳으로 옮기는 의도는 가히 짐작할 만하다.

1926년 4월 25일에는 조선의 마지막 임금인 순종이 대조전에서 승하하여 창덕궁은 주인을 잃게 된다.

그 뒤로 창덕궁을 내외국인에게 관람 허가를 함에 따라 인정전 동, 서행각과 인정문과 월랑이 전시장 용도로 꾸며져 개조되고 전각 들이 철거되고 각종 시설의 개수가 이루어지는 변모를 겪는다. 궁궐 이 관람장으로 전락한 것이다.

광복 뒤에도 일반인의 관람이 성행되면서 남은 건물들도 나날이 훼손되고 후원도 크게 모습이 달라졌는데 1976년부터 1978년 사이에 대대적인 정비 공사가 있어 현재와 같은 모습을 유지하고 있다.

1992년부터는 인정문과 인정전의 행각을 원래의 모습으로 만들기 위하여 기존 행각을 해체하고 기단부의 발굴 조사와 고증을 거쳐 복원 공사를 시행하고 있어 새로운 면모를 드러낼 것이다.

### 현존 주요 건물 일람표

| 건물명 | 건립 연대 | 구조 양식 | 비고 |
|---|---|---|---|
| 돈화문 | 광해 원년(1608) | 다포, 2층, 우진각 | |
| 금천교 | 태종 11년(1411) | 홍예 석교 | 1912년 구조 변경, 1993년 복원공사 |
| 인정문 | 영조 21년(1745) | 다포, 팔작 | 1912년 구조 변경 |
| 인정전 | 순조 4년(1804) | 다포, 중층, 팔작 | 1856년 해체 보수 1908년 실내 장식 변경 |
| 선정전 | 인조 25년(1647) | 다포, 팔작 | 인경궁 광정전을 이건 |
| 희정당 | 1920년 | 이익공, 운공, 팔작 | 경복궁 강녕전(1888 중건)을 이건 |
| 대조전 | 1920년 | 이익공, 운공, 무량갓 | 경복궁 교태전(1888 중건)을 이건 |
| 함원전 | 1920년 | 이물익공, 운공, 팔작 | 경복궁 건순각(1888 중건)을 이건 변형 |
| 경훈각 | 1920년 | 초물익공, 팔작 | 경복궁 만경전(1867 중건)을 이건 |
| 성정각 | 정조 연간 | 이익공, 운공, 팔작 | 1776~1800년 건립으로 추정 |
| 관물헌 | 순조 30년 이전 | 초물익공, 팔작 | 1830년 이전에 건립됨 |
| 구 선원전 | 효종 7년(1656) | 이익공, 팔작 | 경희궁 경화당을 이건, 1900년에 한 칸 증설, 1993년에 해체 보수 |
| 신 선원전 | 1921년 | 이익공, 운공 | |
| 낙선재 | 헌종 13년(1847) | 초익공 | |
| 상량정 | | 다포, 육각정 | |
| 취운정 | 숙종 12년(1686) | 굴도리, 각서까래 | |
| 한정당 | 1917년 이후 | 굴도리, 소로수장 | 1917년 이후 이선으로 추성 |
| 승화루 | 정조 6년(1782) | 이익공, 중층누각 | 정조 6년 건립으로 추정 |
| 삼삼와 | 정조 6년(1782) | 초익공, 육각정 | 정조 6년 건립으로 추정 |
| 칠분서 | 정조 6년(1782) | 초익공 | 정조 6년 건립으로 추정 |
| 가정당 | | 소로수장 | 1919~1933년에 이건 |
| 어차고 | | 초익공 | 1910년에 빈청을 어차고로 개조 |

# 창덕궁의 배치와 특징

    임금과 왕족이 거처하는 곳을 궁가(宮家), 궁방(宮房)의 뜻으로 '궁(宮)'이라 하고, 궐(闕)은 궁의 앞에 세워지는 망대(望臺) 역할의 시설을 일컫는 것이므로 궁궐의 의미는 국가와 백성의 생활을 지켜보고 다스리는 통치권의 소재를 상징하는 것으로 파악할 수 있다. 다시 말하면 통치권을 행사하는 정치 장소이면서 동시에 그 권력의 주체인 왕실이 생활하는 곳이라는 두 의미를 갖는다.

    고대 중국 궁궐 제도의 규범으로는 「주례고공기(周禮考工記)」에 기본적인 원칙이 전해지고 있다. 예를 들면 궁성(宮城) 안의 왼쪽에 종묘(宗廟)를, 오른쪽에 사직(社稷;土神과 穀神)을 둔다는 좌조우사(左祖右社)라든가 앞쪽에 관청을 두고 뒤로 시장(市場)을 두는 면조후시(面朝後市)라든가 도로의 개설법과 궁문의 제도와 규모에 대한 것 들이 있다. 물론 중국에서도 이 규범대로 지켜지지는 못하였으나 국가를 세울 때는 하나의 기본적인 본으로 이용되었고 중국의 문화를 받아들인 한반도에서도 그런 제도를 나름대로 본받았다.

    삼국시대 이래로 조선 왕조까지의 역사에는 궁궐의 제도가 계속 존속되어 왔으며 남아 있는 유적의 모습에서도 최소한의 규범이

지켜지고 있음을 알 수 있다.

　궁의 공간을 크게 나누어 관청이 배치되는 외조(外朝)와 임금이 정치를 하는 치조(治朝), 왕실이 생활하는 연조(燕朝)와 휴식 공간인 원유(苑囿)로 구분한다. 또 다른 분류 방법으로는 전각을 중심으로 하여 외조와 치조를 합해 외전(外殿)이라 하고 기타는 내전(內殿)으로 구분하고도 있다.

　한편 궁궐 자체의 성격에 따라 중심되는 것을 정궁(正宮)이라 하고 위치와 용도에 따라 이궁(離宮), 행궁(行宮), 별궁(別宮)으로 구분되는데 창덕궁이 바로 이궁에 해당되지만 실제로는 정궁처럼 활용되었다.

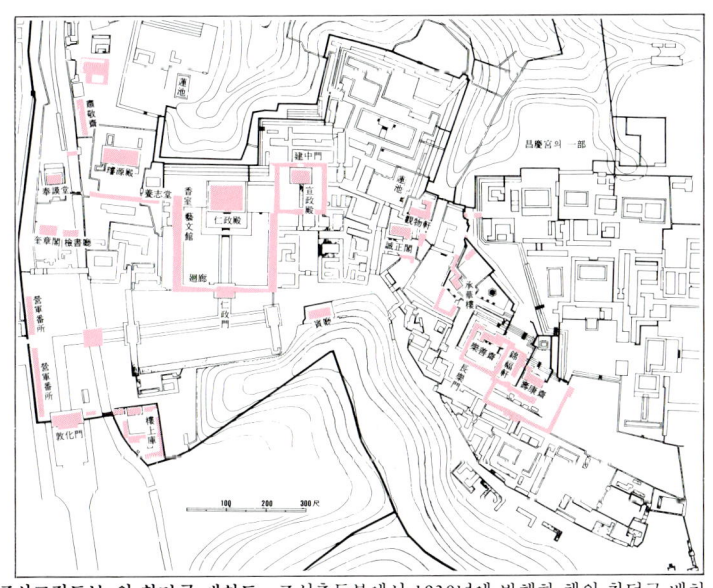

「조선고적도보」의 창덕궁 배치도　조선총독부에서 1930년에 발행한 책의 창덕궁 배치도이다. 붉게 칠한 부분이 당시에 남아 있던 건물인데 인정전과 대조전 일곽이 변경되기 전의 모습이므로 1917년의 화재 이후 1920년에 중건되기 이전에 측량한 것으로 보인다.

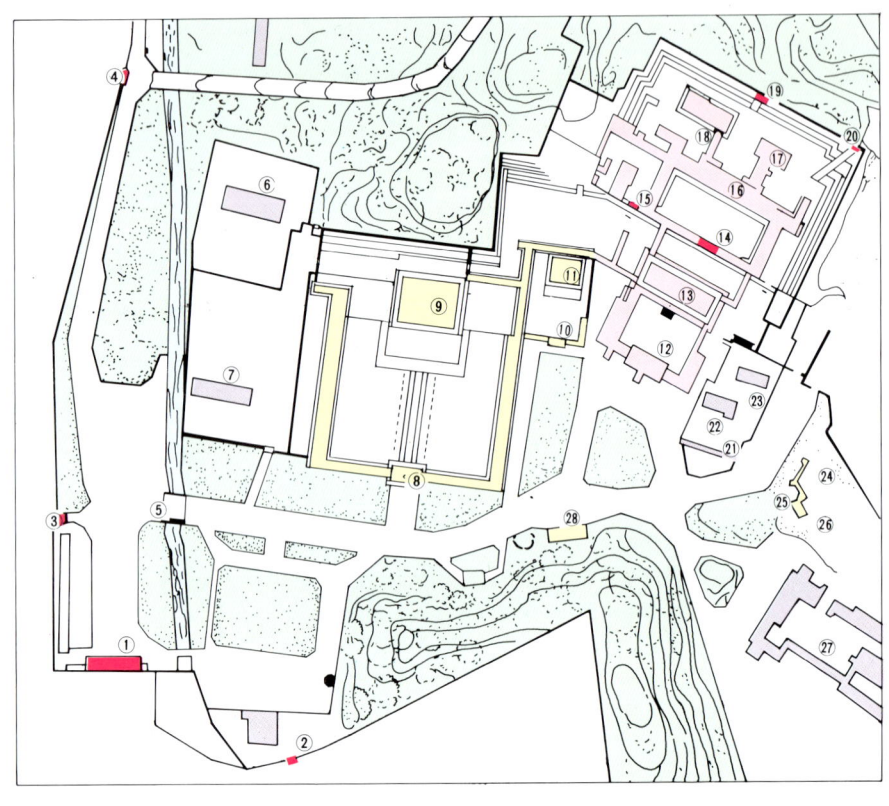

창덕궁 현황 부분 배치도

| 1. 돈화문 | 2. 단봉문 | 3. 금호문 | 4. 경추문 |
|---|---|---|---|
| 5. 금천교 | 6. 구 선원전 | 7. 창고 | 8. 인정문 |
| 9. 인정전 | 10. 선정문 | 11. 선정전 | 12. 궁전 출구 |
| 13. 희정당 | 14. 선평문 | 15. 요휘문 | 16. 대조전 |
| 17. 함원전 | 18. 경훈각 | 19. 추양문 | 20. 천장문 |
| 21. 내의원 | 22. 성정각 | 23. 관물헌 | 24. 칠분서 |
| 25. 삼삼와 | 26. 승화루 | 27. 낙선재 | 28. 어차고 |

조선이 한양으로의 천도(遷都) 계획에 따라 정궁으로 경복궁을 창건하면서 평탄한 대지에 궁궐 조영의 기본 규범을 준수함으로써 왕권 확립을 위한 권위와 정통성을 갖추기 위한 모습으로 계획되고 건설된다.

이에 비해 창덕궁은 이궁(離宮)이라는 성격상의 차이도 있고 삼국시대 이래로 궁실의 조영에서 적용되는 지형에 따라 적절히 대응하여 시설하는 기법을 활용함으로써 한국적인 궁궐의 모습으로 만들어진 궁이라는 점이 큰 특징이며 동시에 경복궁과 차이가 있는 것이다.

정궁인 경복궁보다도 창덕궁이 중요한 궁궐로 사용되는 이유는 정치와 경제적, 역사적인 배경도 있겠지만 한국적인 궁궐 조영 계획에 의해 만들어진 궁궐에서 느껴지는 심리적인 애착심도 크게 작용하였던 것으로 보인다.

그런데 대조전을 비롯한 내전 일곽이 1920년대 이후로 원래의 모습과는 크게 변형되어 건물 주변이 답답하게 조성되었다는 점과 다른 궁궐과 마찬가지로 부속 건물들이 대부분 철거되고 주요 전각의 일부만이 남아 있어 궁궐의 진면목을 살펴보기에는 부족한 것이 애석한 일이다.

주변의 배치를 살피면 창덕궁의 동쪽에는 창경궁이 있고 북쪽으로는 창덕궁과 창경궁에서 공동으로 사용된 후원이 있다. 남동쪽으로는 왕실에서 매우 중요시했던 종묘가 있으며 서쪽으로는 정궁인 경복궁이 있어 거리가 가까워 궁궐의 위치로서는 더할 수 없이 좋은 곳이 창덕궁임을 알 수 있다.

궁의 정문인 돈화문이 동남쪽 모서리에 남향으로 자리잡고 있는 것은 지형적인 이유도 있겠으나 예부터 대문에서 내당(內堂)이 직접적으로 보이지 않도록 배치하는 기법과 일맥 상통하는 배치법이라 할 수 있다.

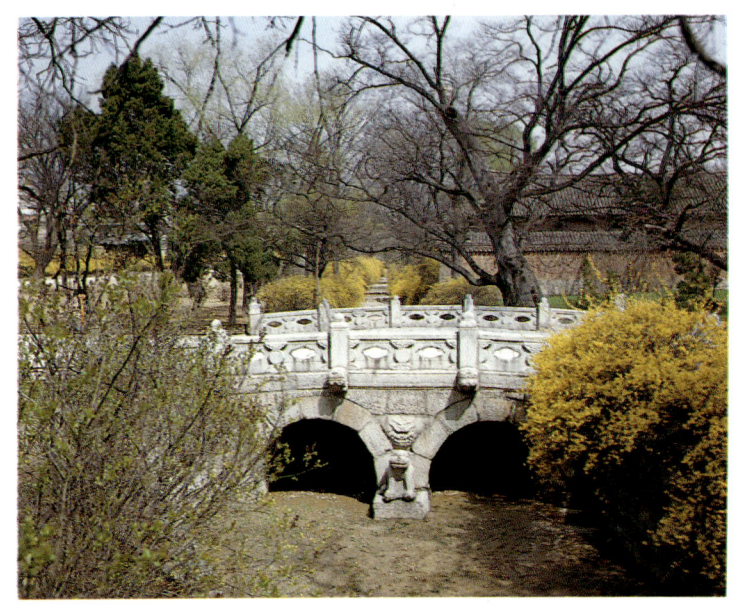

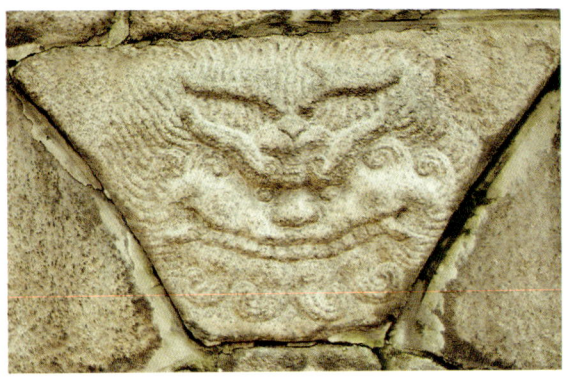

**금천교** 돈화문을 들어서서 60미터 정도 북쪽으로 진입하여 오른쪽으로 접어들면 남류하는 개울 위로 금천교가 설치되었다. (맨 위)

**금천교 귀면** 홍예 사이로 설치되는 역삼각형의 석재를 「창덕궁수리도감의궤」에서는 "청정무사(蜻蜓武砂)"라 하였다. 뜻을 풀이하면 잠자리형 성곽돌이 되겠고 잠자리 두 눈 사이의 모습과 같아서 명칭된 듯하다. 조각된 귀면은 부정한 것을 물리친다는 벽사의 의미가 있다. (위)

돈화문을 들어서서 60미터 정도 북쪽으로 진입하여 오른쪽으로 24쪽 사진
접어들면 남류(南流)하는 개울 위로 금천교(錦川橋)가 설치되었
다. 이 다리는 궁궐마다 설치되는 공통적인 건조물이지만 다른 궁에
서는 정문에서 들어오는 주방향으로 설치되고 있는 데 비해 여기에
서는 직각으로 꺾이어 설치된 점이 다르다.

금천교를 지나면 지금은 없는 건물이지만 진선문(進善門)이 좌우
의 행각을 거느리고 서향하고 있어, 이 문을 들어서야 인정문 앞뜰
이 된다. 이 뜰의 동쪽에는 내전으로 들어가는 숙장문(肅章門)이
있고 남쪽은 행각으로 둘러 있는데, 이 뜰도 방형으로 구성된 것이
아니고 숙장문 쪽의 폭이 좁아져 사다리꼴로 부정형이다. 금천교에
서 들어오던 방향보다는 북쪽으로 치우쳐 숙장문으로 진입로가
구성되고, 인정문도 뜰의 동쪽으로 치우쳐 배치된다. 경복궁에서
보는 것과는 달리 자연스런 배치법을 채택한 것이다. 다만 현재는
인정문과 월랑을 제외한 이 뜰의 다른 건물이 철거되고 없으므로
그와 같은 분위기를 실감할 수 없을 뿐이다.

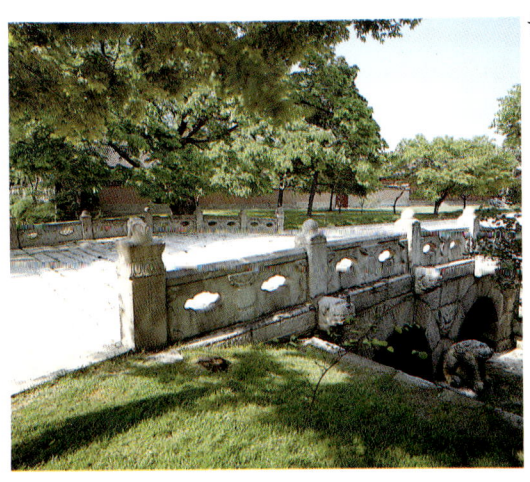

**금천교** 정문에서 들어오는 주방향
에서 직각으로 꺾이어 설치된 점
이 다른 궁궐의 다리와 다른 점
이다.

역대의 왕들이 왕위를 계승할 때에는 정전의 대문 앞에서 즉위식을 거행하여 옥새(玉璽)를 전달받은 다음에 정전으로 들어가서 만조백관(滿朝百官)의 축하를 받는 중요한 의식이 거행되는 인정문 앞뜰이 이와 같이 부정형으로 설정되고 있으므로, 지형 여건에 순응하려는 의지가 궁궐의 곳곳에 적용되고 있다는 점에 주목해야 한다.

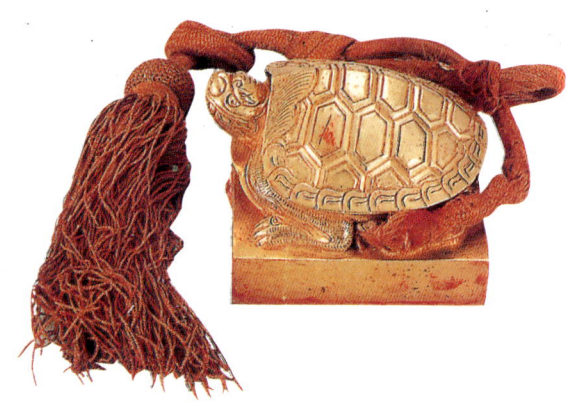

**옥새**　역대의 왕들이 왕위를 계승할 때에는 정전의 대문 앞에서 즉위식을 거행하여 옥새를 전달받은 다음 정전으로 들어간다. 창덕궁 소장.

　　인정문을 들어서면 인정전 뜰이 되고 이곳은 방형으로 반듯하게 터를 잡았지만 인정전의 월대(月臺) 구성과 행각의 배치에서도 좌우가 대칭되는 형태가 아니다. 또 북쪽으로는 화단이 조성되고 담장을 두르고 있어, 공간의 분위기로는 정형적인 연출을 하면서도 실제로는 비대칭적인 구성으로 공간의 깊이를 더하고 있다. 물론 현재의 모습은 인정전 좌우로 복도가 뻗어 동, 서행각과 연결되어 작은 공간으로 보이고 있지만 '동궐도'에 그려진 것처럼 정리한다면 지금보다는 훨씬 품위있고 위엄있는 공간으로 보일 것이 확실하다.

인정전 동행각에 있는 광범문(光範門)을 나서면 편전(便殿)인 선정전의 외행각(外行閣)이 왼쪽에 늘어서 있다. 외행각에 있는 선정문을 지나서 선정전 남행각의 문을 들어서야 선정전 뜰에 이르게 된다. 선정전 외행각의 남쪽에는 정원(政院;왕명의 출납을 맡아보는 관청), 대청(待廳;대신들의 회의 장소), 대전장방(大殿長房; 시중드는 內侍府), 사옹원(司饔院;궁중의 음식을 맡아보던 관청) 등의 기관들이 좌우로 배치된다. 또 선정전 북쪽으로는 지금은 없는 건물인 태화당(泰和堂) 등의 건물이 행랑으로 둘러싸여 배치된다.

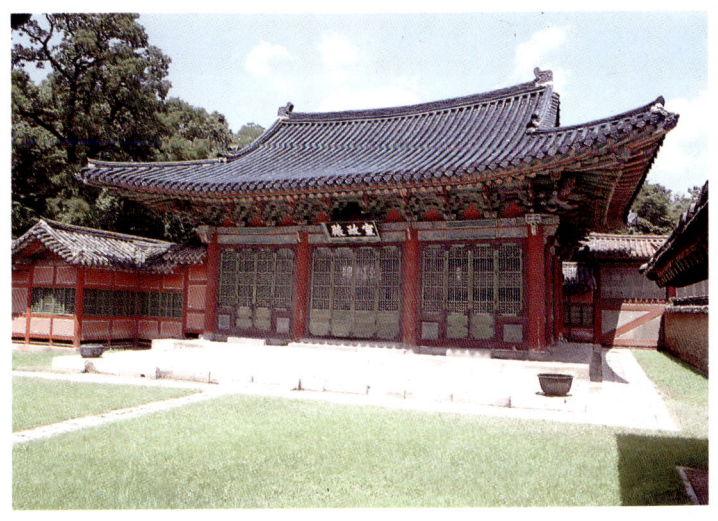

**선정전** 인정전 동행각에 있는 광범문을 나서면 편전인 선정전의 외행각이 왼쪽에 늘어서 있다.

경복궁에서는 근정전 북쪽에 편전인 사정전이 배치되지만 여기서는 인정전 동쪽에 인정전보다는 뒤로 물러서서 선정전이 배치되어 남향의 축은 인정전과 평행으로 설정된다. 그러면서도 선정전의 중심축이 외행각 밖에서는 중심이 아니며, 선정문의 중앙칸도 선정전의 축과는 한 칸 비켜서 배치된다. 조영되는 시설과 공간을 필요한 만큼 배치하고 그에 따라 출입 동선이 꺾이는 실용성이 중시된 배치법을 보이고 있는 것이다. 인정전과 선정전 일곽이 신료들이 필요에 따라 출입할 수 있는 외전으로서 남향축이 평행으로 설정되어 있다.

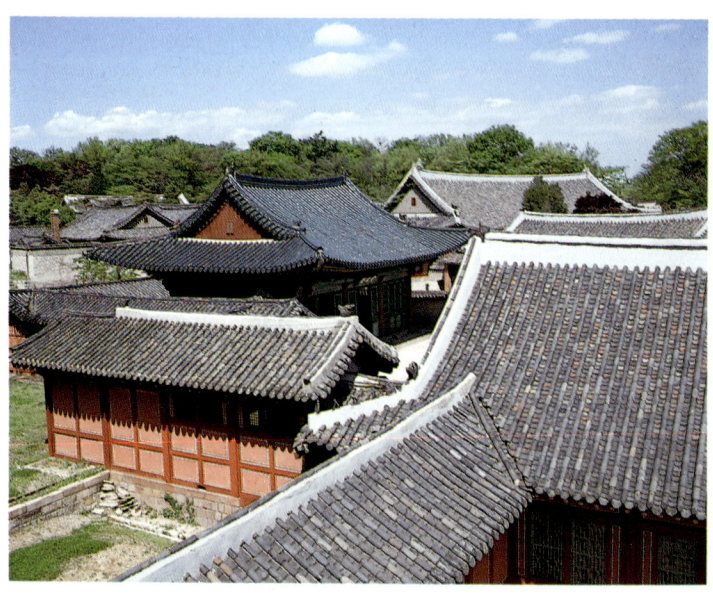

**선정전 일곽** 선정전 외행각의 남쪽에는 정원(政院), 대청(待廳), 대전장방(大殿長房), 사옹원(司饔院) 등의 기관들이 좌우로 배치된다.

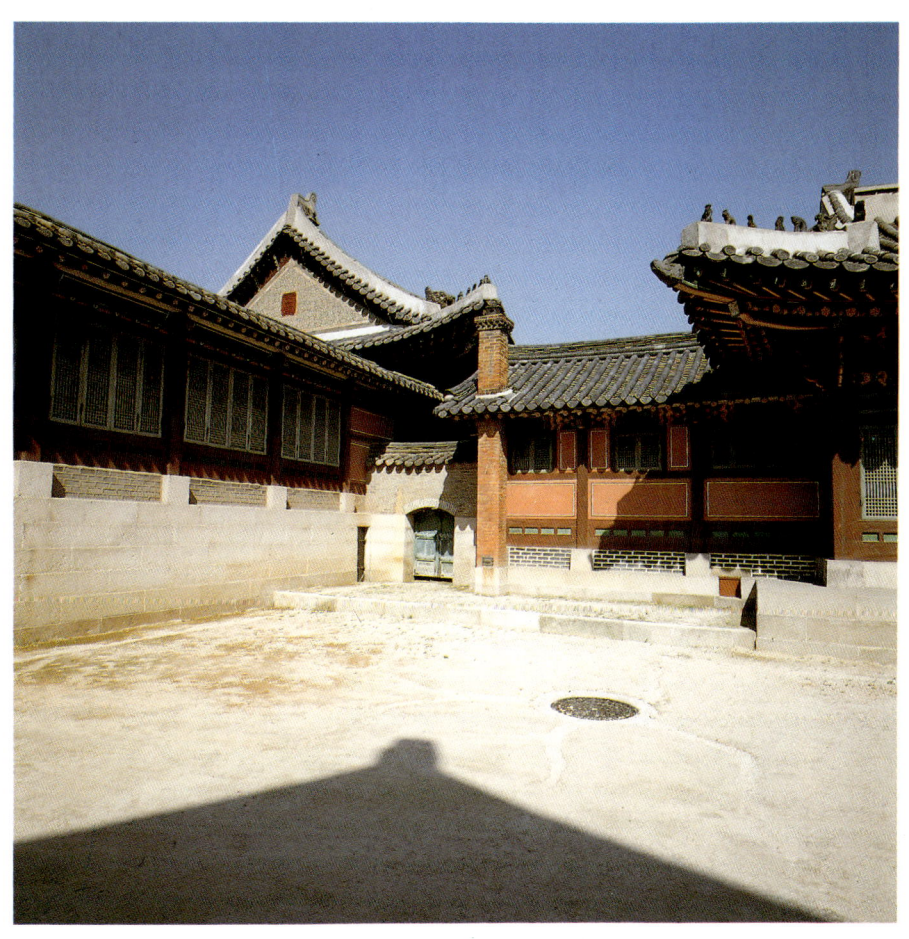

**회정당과 대조전 일곽**　선정전 동쪽에 있는 회정당과 대조전 일곽은 내전으로서 특히 대조전은 엄격히 통제되는 궁궐의 중심부에 해당한다. 왕비가 거주하는 곳이며 왕실의 대를 이어가는 곳이기 때문이다.

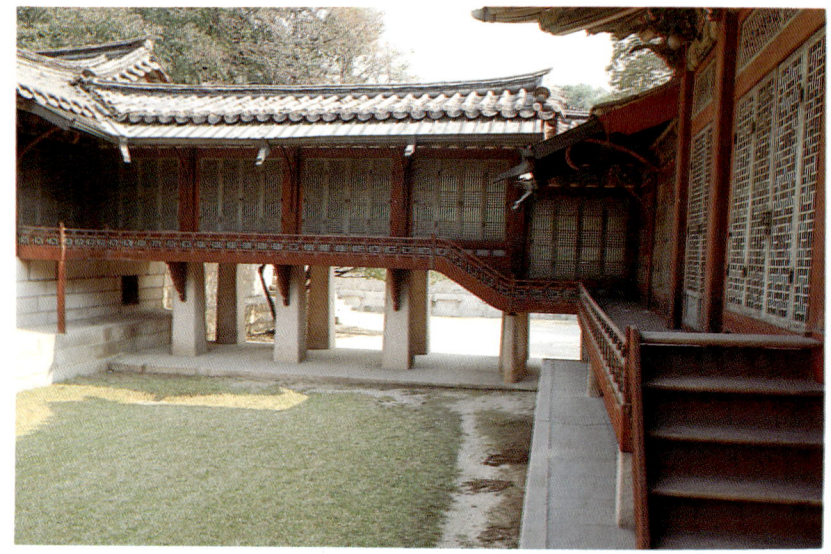

**희정당과 대조전 일곽**  내전 일곽은 외전과는 달리 건물의 중심축이 서남향이 된다.

29쪽 사진    선정전 동쪽에 있는 희정당과 대조전 일곽은 내전(內殿)으로서 특히 대조전은 엄격히 통제되는 궁궐의 중심부에 해당한다. 왕비가 거주하는 곳이며 왕실의 대를 이어가는 곳이기 때문이다. 궁 밖에서 대조전까지 가려면 돈화문과 진선문, 숙장문을 지나서부터는 접근하는 길이 여러 갈래로 갈라지지만 어느 경우라도 5개 이상의 문을 더 통과해야 대조전 뜰에 닿을 수 있다. 구중 궁궐(九重宮闕)이란 말 그대로인 것이다.

이와 같이 겹겹이 둘러싸인 내전 일곽은 외전과는 달리 건물의 중심축이 서남향이 된다. 대조전 북쪽에서의 지형이 서남쪽으로 낮아지기 때문이다. 현재는 대조전과 희정당의 중심축이 거의 일치하는 상황이지만 전에는 희정당의 축이 대조전에서 동쪽으로 평행하게 설정되었다. 외전과 내전의 축이 어긋나 교차하므로 인접하는 부분이 옹색하게 되는 것을 바로잡기 위해 건물의 축을 동쪽으로 이동시키는 평행축 기법을 사용하였다. 그러나 외전과 내전이 접속되는 부분은 건물과 담장 그리고 통로와 마당을 부정형적으로 천연덕스럽게 연결시키고 있다. 억지로 감추려는 기색이 아니고 당연히 그렇게 처리해야 한다는 당당한 기세이다. 땅이 그런 모습이니 마땅히 사람도 그에 따라야 한다는 진솔한 건축 기법을 여기에서도 확인할 수 있게 된다. 오히려 일제시대에 변형된 현재의 모습이 정형화시키고 감추려고 애쓴 흔적이 엿보인다.

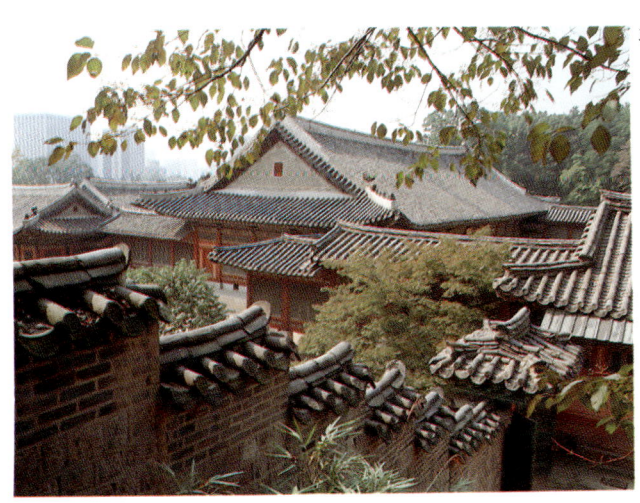

**희정당과 대조전 통로와 마당** 외전과 내전이 접속되는 부분은 건물과 담장 그리고 통로와 마당을 부정형적으로 천연덕스럽게 연결시키고 있다.

　인정선의 서쪽으로는 임금님의 초상화를 모시는 선원전 일곽이 있고 그 남쪽으로는 정청(政廳), 약방(藥房), 내각(內閣), 규장각(奎章閣), 봉모당(奉謨堂;왕실의 중요한 역대 서적을 보관하던 건물), 책고(冊庫) 등 외전에 속한 건물이 배치되어 있었다.
　현재 사적 122호로 지정된 창덕궁의 면적은 후원을 포함하여

57만 9584평방 미터(약 17만 5300여 평)이고, 후원을 제외한 궁의 면적은 대략 12만 2000평방 미터(약 3만 7000여 평) 정도로서 전체 면적의 5분의 1 정도이다.

전체적인 배치의 구분을 하면 인정전의 동쪽에 외청(外廳)과 선원전이 있고 중앙부는 인정전 일곽의 외전이 되며, 동쪽에는 대조전 일곽의 내전이 배치되고 북쪽으로는 후원의 경관이 펼쳐진다.


# 동궐도(東闕圖)

33쪽 사진  창덕궁과 창경궁의 전체 모습을 조감도 형식으로 16책의 화폭에 그린 것으로서, 전부 펼치면 가로 576센티미터에 세로 273센티미터가 되는 대형의 그림이다. 현재 이 '동궐도'는 두 점인데 고려대학교 박물관 소장본과 동아대학교 박물관 소장본이 있으며 동아대학교의 것은 보물 596호로 지정되어 있다.

이 그림의 제작 연대를 문화재 목록에서는 순조 연간이라 하여 재위(在位) 기간인 1801년에서 1834년 사이로 소개하고 있다.

그러나 그림의 내용을 분석한 결과로는 1826년에서 1830년 사이에 제작된 것으로 보고 있으므로 순조 33년(1833)의 큰 화재로 내전이 소실되기 전의 궁궐 모습이다.

도화서(圖畵署)의 화원(畵員)에 의하여 그려진 극세필(極細筆)의 계화(界畵)로서 나무, 바위, 계곡, 전각 등을 그리고 우물과 정원의 괴석, 석물 등도 사실적으로 자세히 그렸고 붉은 글씨로 건물과 대문의 명칭도 기입하였다. 그림의 내용을 살펴보면 담장의 종류도 다양하고 용도가 불확실한 구조물들도 표현되고 있어 이 그림만으로 풍부한 연구 과제를 간직하고 있어 조선 후기의 궁궐을 연구하기에 더없이 귀중한 그림이다.

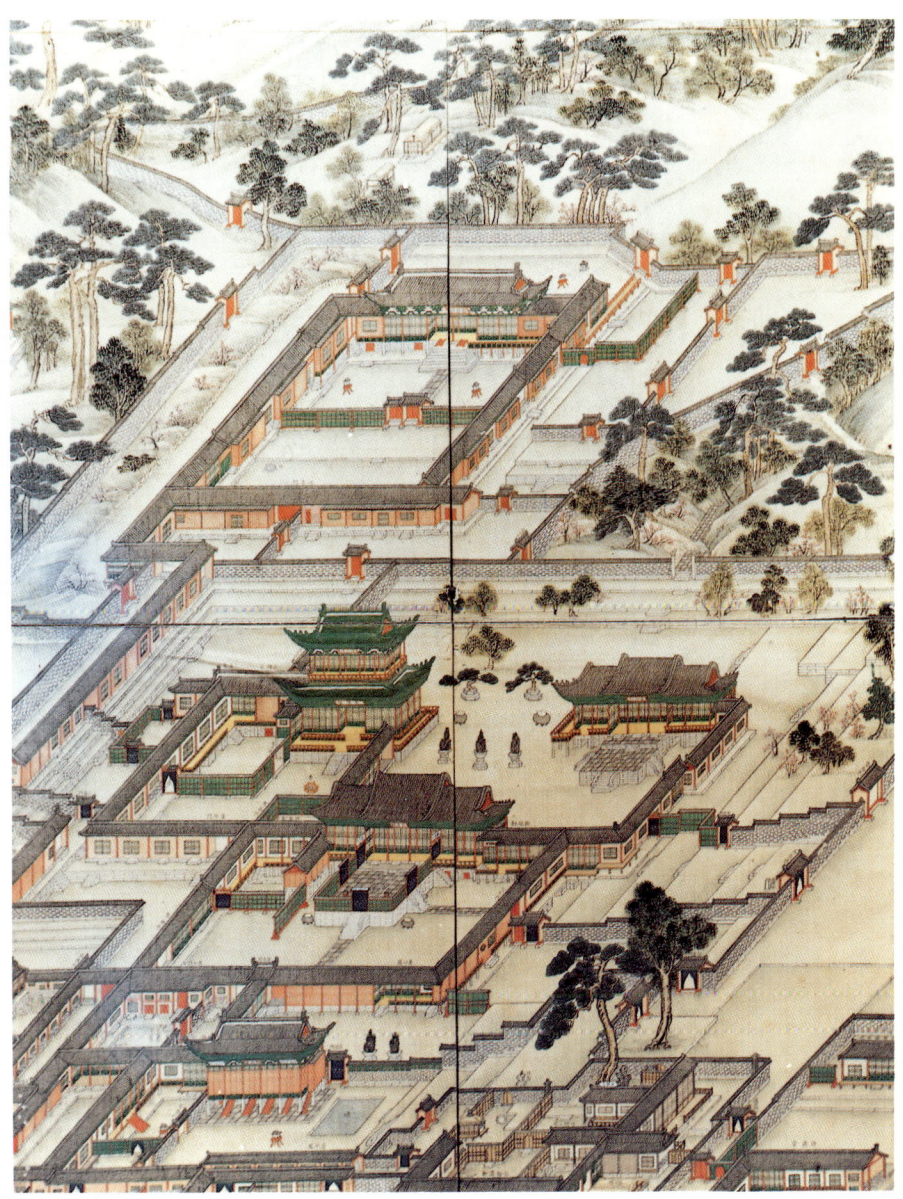

'동궐도'의 대조전 일곽

# 동궐도형(東闕圖形)

　창덕궁과 창경궁의 모습을 배치도 형식으로 그린 '동궐도형'은 한국정신문화연구원 소장본과 서울대학교 도서관의 규장각 소장본이 있으며, 화첩 형식의 동궐도와는 달리 한지(韓紙)를 연속으로 배접하여 그린 가로 3.5미터, 세로 5.9미터 정도의 큰 그림이다.

　화면 전체에 가로, 세로로 11.4밀리미터 정도의 방안선(方眼線)을 붉은색으로 가늘게 긋고 그 위에 건물의 한칸 한칸을 단선의 먹선으로 그리고, 실명과 건물 명칭을 적어 넣고 담장과 석축, 우물 등도 표현하였다.

　이 그림의 제작 시기는 확실치 않으나 1900년에 선원전 1실(一室)을 증축하여 현재와 같이 정면 9칸이 되는데 여기서도 9칸으로 그려진 것으로 보아 1900년 이후에 제작되었음을 알 수 있다. 또 1917년의 화재로 대조전 일곽이 현재와 같이 변형되기 전의 모습이므로 1900년부터 1917년 사이에 제작된 것으로 보인다.

　그런데 창덕궁에 전등이 가설되는 시기가 1908년 9월부터이고, 이 시기에 인정전의 실내 장식이 바뀌게 된다. 이 도형에서는 인정전 행각이 전시관으로 바뀌기 전의 모습이며 인정문 앞의 진선문, 숙장문과 행각이 철거되기 전인 것으로 그대로 표현되어 있다. 또 숙장문 동쪽의 빈청(賓廳)이 어차고(御車庫)로 변경되는 시기가 1910년이라 하는데 여기서는 빈청으로 표현되어 있으므로 창경궁에 동물원과 식물원의 설치로 크게 철거되기 시작한 1908년 이전에 제작한 것이 된다.

　따라서 '동궐도'가 순조 연간의 1826년에서 1830년 사이에 작성된 궁궐도이고 '동궐도형'은 대한제국 말기인 1900년에서 1908년 사이에 작성된 것이므로 70여 년의 시차가 있으므로 이 둘을 비교, 검토하면 밝혀질 내용이 많을 것으로 기대된다.

# 돈화문(敦化門)

창덕궁의 정문인 돈화문이 창건되기는 태종 12년(1412) 5월이며 2층 문루에는 큰 북을 걸고 조석으로 인경을 쳤다고 전한다. 문종(文宗) 즉위년(1450) 6월에 돈화문을 고쳐 지으라는 「조선왕조실록」의 기록이 있다. 일설에는 세종의 상여가 나가기 어렵거나 중국 사신을 영접할 때에 높고 큼직한 문이 필요하였기 때문일 것으로 전하고도 있다.

이와 같은 큰 문으로 고치라는 명령은 연산군 12년(1506)에도 있어 "돈화문을 고대(高大)하게 하라"는 기록이 있다. 그러나 연산군이 폐위되기 석 달 전의 일이므로 시행되었는지는 알 수 없다.

그 뒤 임진왜란 때에 불탄 것을 선조 40년(1607)에 중건에 착수

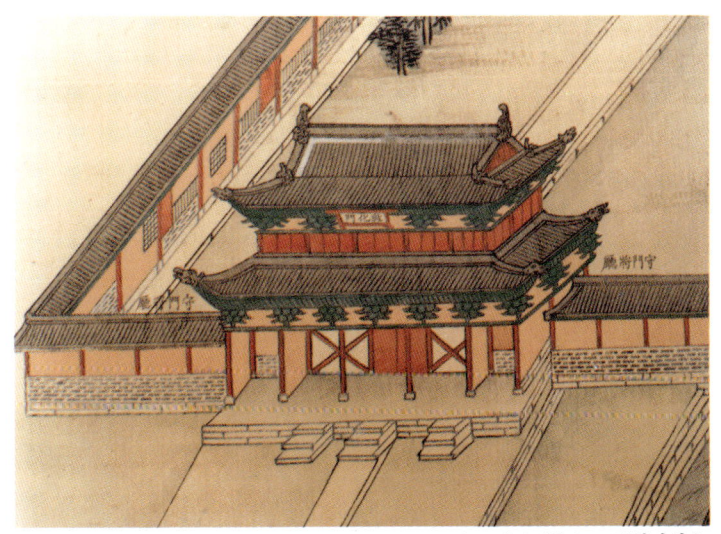

**'동궐도'의 돈화문**  돈화문과 창경궁의 홍화문이 그림에서는 팔작지붕으로 표현되었으나 현황은 우진각지붕이므로 동궐도가 작성된 이후에 개조된 것으로 보이나 개조된 시기와 이유는 미상이다.

하여 광해군 원년에 완공되고 이때의 건물 모습이 아직까지 남아 있는 것으로 보고 있다. 따라서 돈화문은 현존하는 궁궐의 대문으로는 가장 오래 된 것이라 할 수 있다(보물 383호).

경종 원년(景宗 元年;1721)에 보수시킨 기록이 있고 1890년대에는 왕실에 자동차가 나타나면서 차량의 진출이 가능하도록 문지방을 끼우고 뺄 수 있도록 하였으며 현재는 관람객의 편의를 위해 문지방이 없는 상태이다.

정면 5칸에 측면 2칸의 2층 우진각 지붕의 다포 양식이다. 궁궐의 대문 가운데 정면이 5칸인 것은 돈화문이 유일한 것이나 좌우쪽 협칸은 벽으로 막았으므로 실질적으로는 3칸 대문이다. 이와 같은 현상은 황제가 아닌 군주는 대문을 3칸으로 해야 하는 중국과의 관계로 이해될 수 있다. 곧 3칸 대문으로 만들어 중국의 사신을 의식하면서도 외관은 크고 장중하게 만들려는 의도로 볼 수 있기 때문이다.

37쪽 사진

2층으로 오르는 계단은 벽으로 막힌 좌우의 협칸에 있고 2층에는 판문을 달았다. 외이출목(外二出目)에 내삼출목(內三出目)의 다포 구조이며 지붕 마루는 회로 싸바른 양성 마루이다. 각층의 추녀 마루에는 잡상(雜象) 7구와 용두(龍頭)가 배열되고 용마루 끝에는 취두(鷲頭)를 올리고 사래의 끝에는 토수(吐首)를 끼워서 격식을 갖추고 있다. 원래는 장대석의 기단과 그 앞으로 계단이 있었으나 아스팔트 도로 밑에 감춰져 기단이 없는 건물처럼 보인다. 또 계단 좌우의 소맷돌의 등 부분만 일부 노출되어 있어 옛 사진에 보이는 것보다 장중한 맛이 감소되었다.

돈화문의 현판(가로 249센티미터, 세로 107센티미터)은 검정 바탕에 흰 글씨로 양각되었고 액자는 연화당초문으로 치장하였다. 돈화의 뜻은「중용(中庸)」의 '대덕돈화(大德敦化)'에서 취한 것으로 "교화(教化)를 도탑게 한다"는 뜻이라 한다.

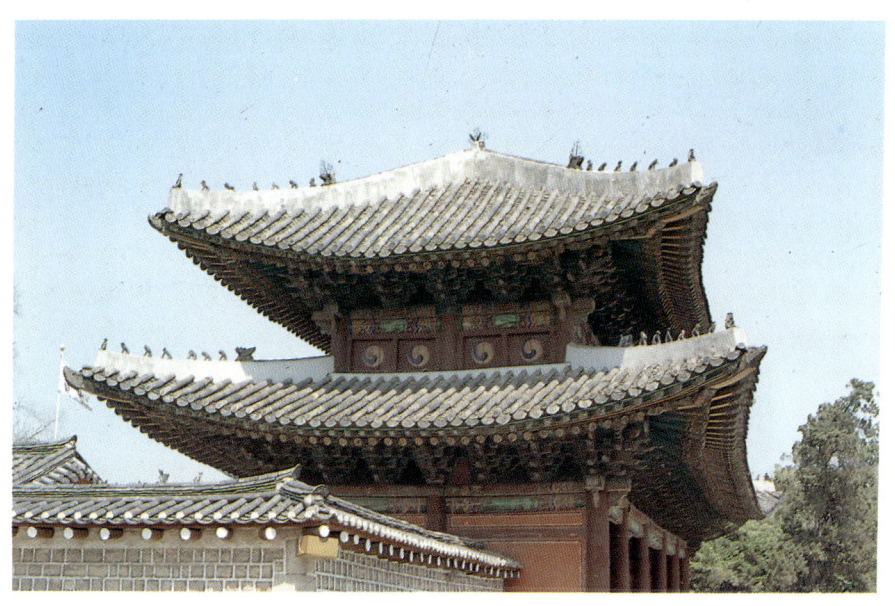

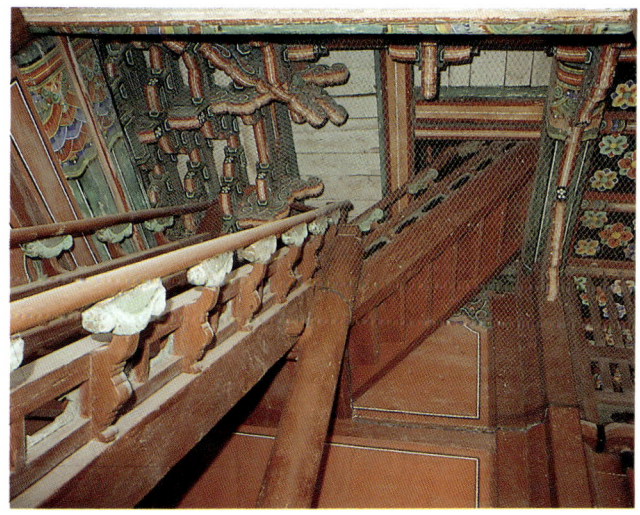

**돈화문 서측면 모습**(위)
**돈화문 층계** 목제의 계단이
한 번 꺾어져 2층으로 오르게
된다.(왼쪽)

# 금천교(錦川橋)

조선조의 왕궁에는 북쪽에서 발원하여 외당(外堂)을 감싸도는 명당수(明堂水)가 흐르도록 되어 있고 궁의 정문에서 궁전으로 들어가려면 이 명당수 위에 설치된 돌다리를 통과하여야 한다.

지금은 제자리에 있지 아니한 경복궁의 영제교(永齊橋)며 창경궁의 옥천교(玉川橋)와 덕수궁과 경희궁에도 있었던 그런 다리가 창덕궁에서는 금천교이다.

남문인 돈화문을 들어서서 북으로 가다가 오른쪽으로 꺾어 들어 인정문 쪽으로 향하는 도중의 계류 위에 설치되어 있다. 이 석교를 지나면 지금은 없는 건물이지만 창덕궁 외당(外堂)의 정문인 진선문(進善門)이 있었다.

국정(國政)을 의논하기 위해 입궐하는 대신들이 유유히 흐르는 명당수 위에 설치된 곧고 반석 같은 돌다리를 통과하면서 맑은 물위에 사심을 털어버리고 공명정대한 길로 걸어가야 한다는 심리적인 준비를 고무시키려는 의도가 배려된 것이다.

금천교는 태종 5년에 창덕궁이 창건된 6년 뒤인 11년(1411) 3월에 진선문 밖에 시설되었다. 목조 건물들은 잦은 재해로 인해 재건되지만 석재의 내구성 덕분에 금천교는 창건 당시의 모습을 고스란히 보존하고 있다.

하천 바닥에 설치된 홍예 기반석 위로 홍예 2틀을 만들고 그 위로 멍엣돌을 걸치고 돌난간을 세우고 다리 윗부분은 장대석으로 깔았다. 중앙부의 홍예 기반석 위로는 남쪽 면에는 해태상을, 북쪽 면에는 거북상을 설치하였다.

홍예 사이의 벽에는 귀면(鬼面)을 새겨 놓았고 멍엣돌의 난간 동자 밑에는 수두(獸頭)가 돌출되어 있다.

이런 장식물이 설치되는 깊은 의미는 확실하지 않지만 사악함

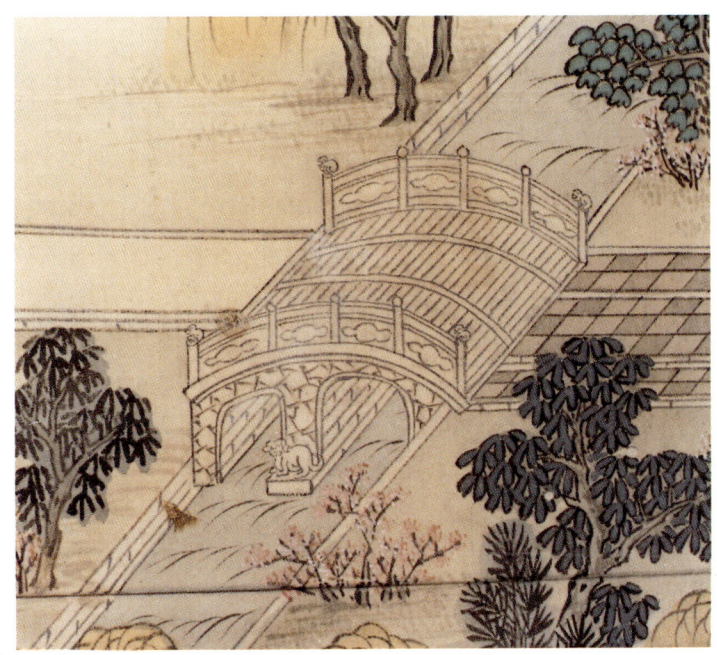

'동궐도'의 금천교 (24쪽 사진 참조)

을 물리친다는 벽사(辟邪)의 의미와 위엄을 갖추기 위한 치장의 의미로 해석할 수 있다.

난간에는 하엽(荷葉)으로 머리 부분을 장식한 난간 동자 4개를, 닌긴 끝에는 큼직한 법수(法首;난간의 끝에서 머리 부분을 모양나게 만든 기둥)를 세우고 닌긴 동지 사이에는 돌란대와 하엽 동자(荷葉童子)와 풍혈(風穴)이 조각된 판석 1장씩을 세워 놓았다. 다리 윗부분은 길이가 12.9미터, 폭이 12.5미터 정도로 의장을 갖춘 국왕의 나들이 때 행렬 곧 노부(鹵簿)의 폭에 맞도록 다리의 폭을 설정하였다고 한다.

# 인정문(仁政門)

41쪽 사진

태종 5년에 인정전과 같이 창건되고 임진왜란 때에 소실된 것을 광해군 때 중수하였고, 영조 20년(1744)에 소실되었다가 이듬해 3월에 재건된다. 현재의 건물은 영조 21년에 건립한 것으로 보고 있으나 지금의 모습은 1912년경에 인정전의 행각을 전시장으로 만들면서 전시장 출입문의 기능으로 바꾸기 위해 벽체와 바닥의 구성이 변형된 것이다. 또 인정문 좌우로 접속되는 월랑(月廊)도 「조선고적도보」의 사진과 '동궐도형'에서 인정문의 가로 방향 중심축에 맞춰 연결되어 있으나 현재는 인정문의 내측 칸에 맞게 회랑이 연결되어 있다. 인정문을 들어서서 바로 회랑의 전시장으로 진입하기 위해 일제시대에 변형된 것이다. 다만 인정문을 앞으로 옮긴 것인지 월랑을 안쪽으로 들여놓은 것인지는 불확실하다.

인정문의 월랑과 연결되는 인정전의 동행각, 서행각도 원래는 2칸 폭의 복랑(復廊)인 것을 전시장으로 만들면서 3칸 폭으로 변형되었고 인정전 좌우로 연결된 회랑도 없던 것을 추가한 것이어서 전반적으로 회랑 일곽이 변형된 현재의 모습이다(보물 813호).

**인정문 현판** 북악 이해룡의 글씨이다.

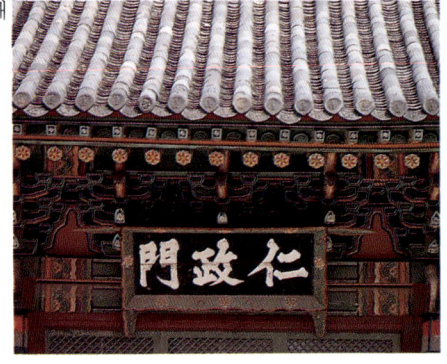

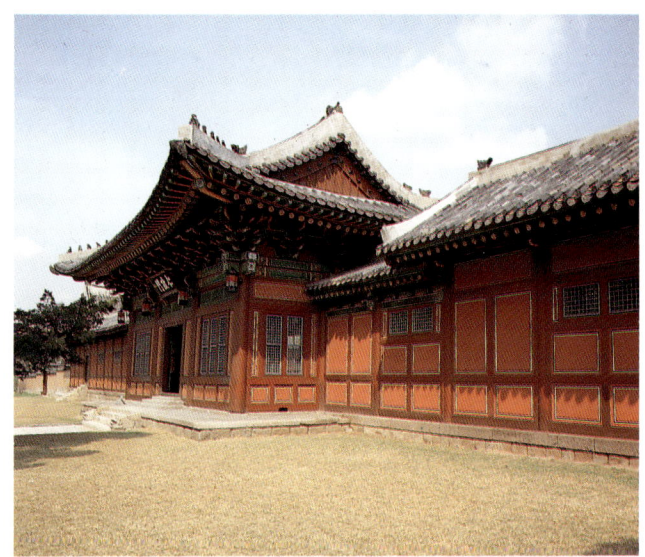

인정문 현재의 건물은 영조 21년에 건립한 것으로 보고 있으나 지금의 모습은 1912년경에 인정전의 행각을 전시장으로 만들면서 전시장 출입문의 기능으로 바꾸기 위해 벽체와 바닥의 구성이 변형된 것이다.

정면 3칸, 측면 2칸의 다포 구조의 겹처마 팔작 지붕이고 지붕마루는 양성 마루이며 추녀 마루에 잡상 5구와 용두가 설치되고 용마루에는 취두가, 사래 끝에는 토수가 설치되는 점은 돈화문과 같으나 잡상의 수가 돈화문보다 적다. 정전(正殿)의 대문으로는 조선시대의 궁궐이 모두 인정문과 같은 팔작 지붕이라는 공통점을 갖고 있다.

인정문의 편액(가로 200센티미터, 세로 80센티미터)은 검정 바탕 40쪽 사진 에 흰 글씨로 양각하였고 선조 때의 명필(名筆)인 북악(北嶽) 이해룡(李海龍)의 글씨라 한다.

# 인정전(仁政殿)

창덕궁 외전(外殿)의 중심되는 정전(正殿)인 인정전(국보 225호)은 신하들의 하례식(賀禮式)과 외국 사신의 접견 장소로 사용되는 국가 행사의 공식적인 건물로서 정면 5칸에 측면 4칸의 중층 팔작 지붕의 다포 구조이다.

태종 5년의 창덕궁 창건 때에 건립된 것을 태종 18년(1418)에 박자청(朴子靑)에게 고쳐 짓도록 하여 7월에 착수되고 같은 해인 세종 즉위년 9월에 준공된다. 그 뒤 36년이 지난 단종 때에 해체 보수 공사가 있었으나 임진왜란 때에 소실되고 광해군 때에 중건된다. 1623년의 인조 반정(仁祖反政) 때에도 인정전만은 화재를 당하지 않았다. 정조 6년(1782) 9월에는 이전에 없던 품계석(品階石)을 인정전 앞뜰에 설치하였고 이 품계석은 다른 궁에도 설치하게 되었다.

43쪽 사진

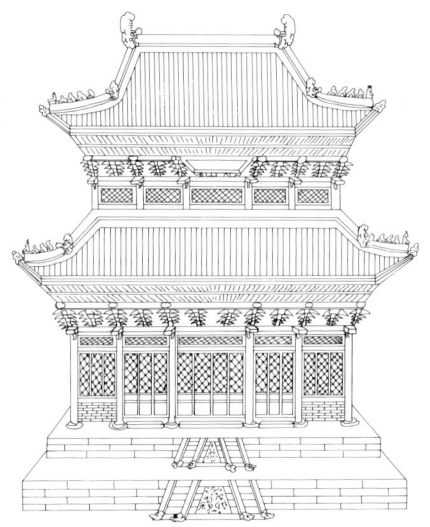

인정전도 철종 8년(1857)의 「인정전 중수 의궤」에 실린 그림이다. 상, 하월대와 어계를 간략히 표현하였고 아래층 양옆 칸 전벽돌로 쌓은 벽의 표현이 지금과는 다르다.

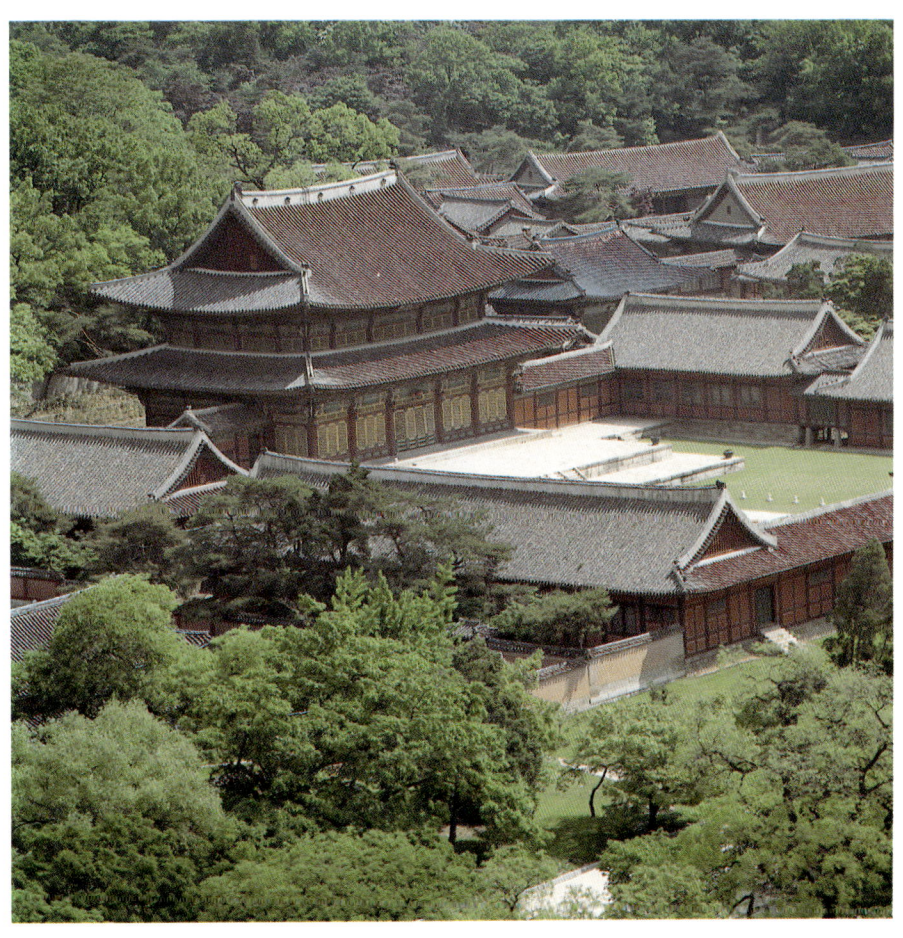

**인정전 전경**　인정전은 신하들의 하례식과 외국 사신의 접견 장소로 사용되는 국가
행사의 공식적인 건물로서 정면 5칸에 측면 4칸의 중층 팔작 지붕의 다포 구조이
다.

인정전 입면도

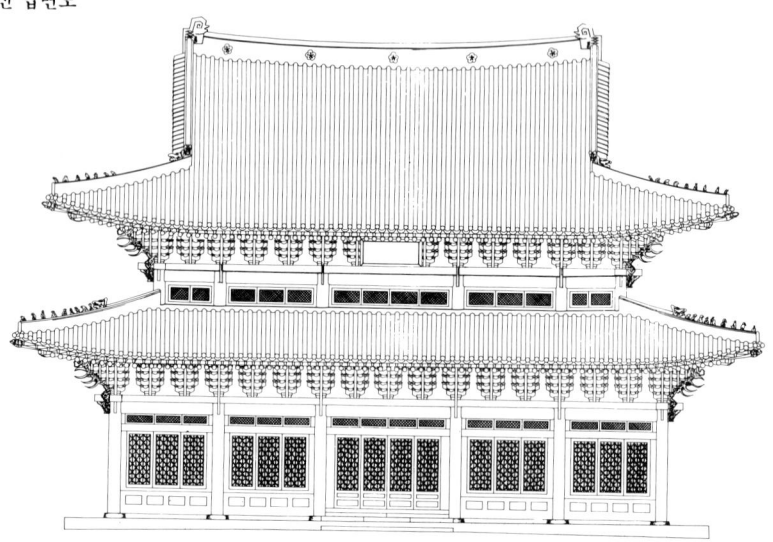

인정전 평면도

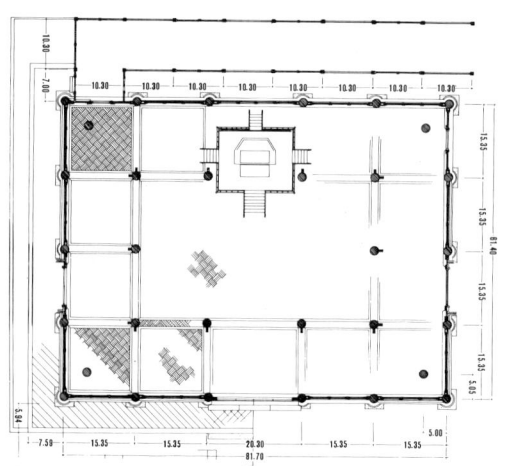

44 창덕궁의 배치와 특징

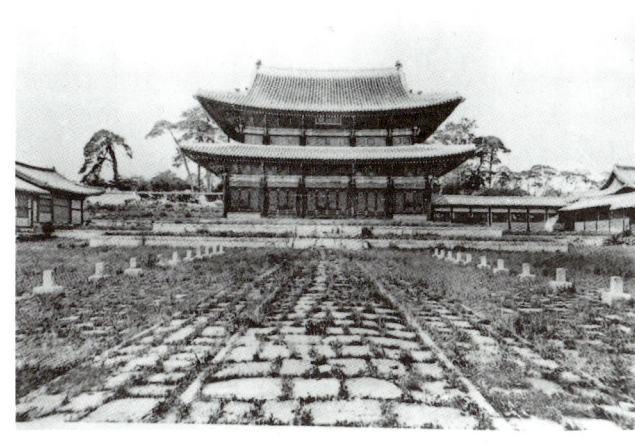

「조선고적도보」의 인정전
(왼쪽)

인정전 정면 정조 6년
(1782) 9월에는 이전에
없던 품계석을 인정전
앞뜰에 설치하였고 이
품계석은 다른 궁에도
설치하게 되었다.(아래)

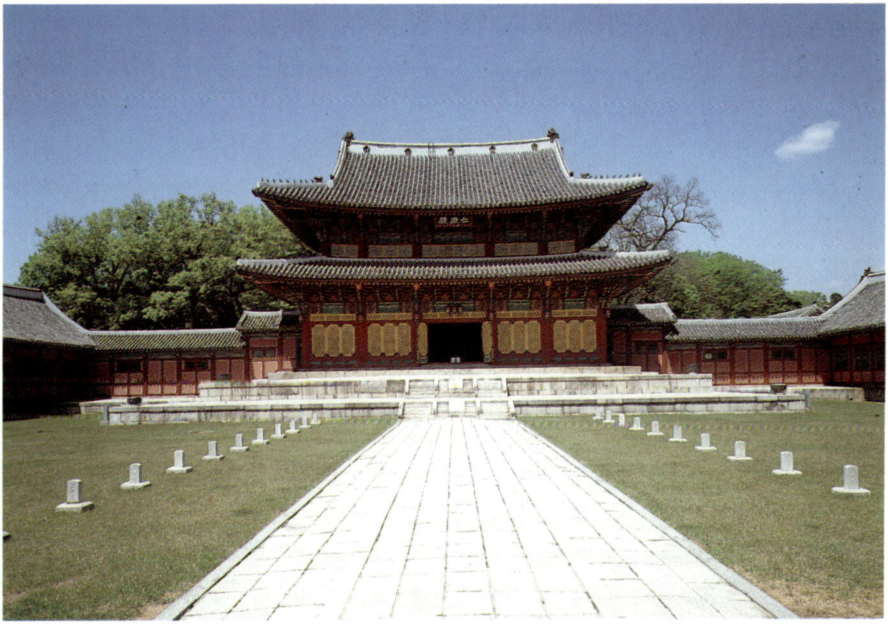

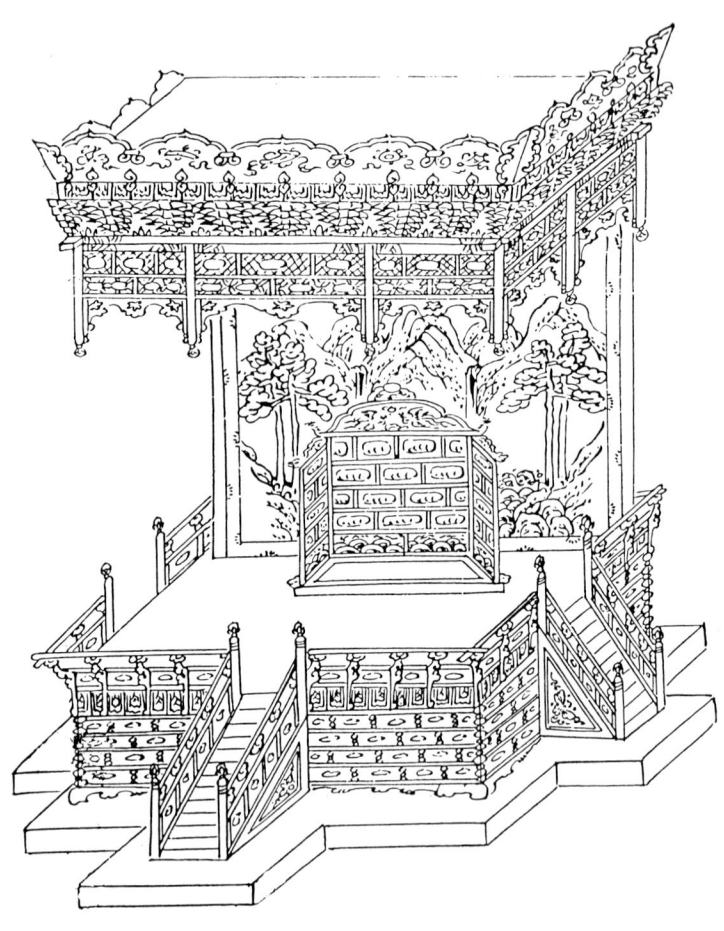

**인정전의 당가** 「인정전 중수 의궤」에 실린 그림이다. 사면에 층계가 설치되고 단상에
는 화려하게 조각한 목제의 곡병(曲屛)이 놓이고 그 앞에 그림에서는 표현되지 않은
용상(龍床)이 설치된다.

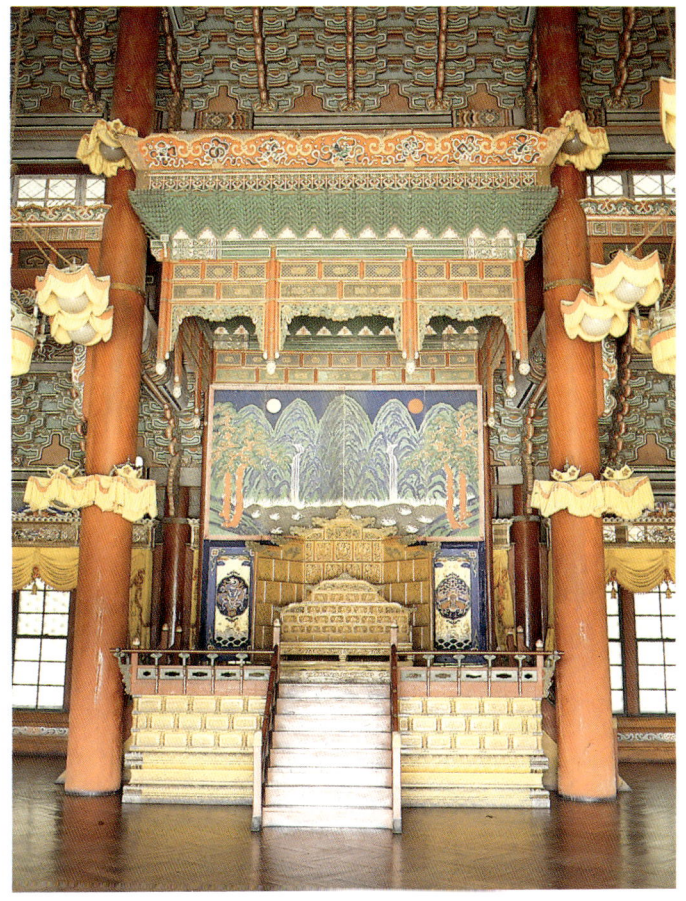

**인정전 당가** 궁궐의 정전에는 한결같이 일월오봉병(日月五峯屛)이 곡병 뒤에 설치되는
데 이 병풍은 국토를 지키는 오악(五嶽)의 신과 음양의 조화를 의미하는 해와 달의
표현으로 어좌를 둘러 국토와 창생이 임금을 중심으로 하여 국가가 경영된다는 권위
를 상징하는 것이다.

순조 3년(1803)에는 다시 소실되고 이듬해에 중건된다. 50여 년 뒤인 철종 7년(1856)에는 건물이 퇴락하였다는 이유로 또 한차례 완전히 해체하여 보수 공사를 시행하였으나 건물의 형태에는 변화가 없었던 것으로 보고 있으므로 현존하는 건물의 골격은 순조 때의 것으로 볼 수 있다.

창덕궁에 서양식 가구(家具)와 실내 장식이 도입되는 시기인 1908년 무렵에 인정전의 내부에 커다란 변화가 생긴다. 회흑색의 전돌로 깔린 실내 바닥을 서양식 쪽널 마루로 만들고 전등이 설치되었다. 출입구를 제외한 창문 아랫부분의 외벽에 전벽돌로 쌓았던 화방벽이 철거되고, 대신에 목재의 큼직한 머름대와 궁판으로 바뀌었다. 또 창문 내측에 별도의 오르내리창이 설치되며 휘장을 설치하기 위한 커튼 박스도 만들어지고, 지붕의 용마루에는 이왕가(李王家)를 상징하는 배꽃 문장(紋章)으로 장식하여 왕궁이 아닌 가문(家門)의 건물로 격하시켰다.

정전의 정면이 5칸인 것은 조선 궁궐에서 공통적인 특징으로 이것은 중국과의 관계에서 황제가 아닌 임금은 5칸이어야 한다는 제한을 드러내고 있는 것이다. 또한 기단이 이중의 월대(月臺)로 구성된 것도 다른 궁과 공통된 점이며 중국에서의 삼중의 월대와 비교되는 것이기도 하다.

월대에는 전면과 좌우 측면에 계단이 있으며 전면부의 어계(御階)의 앞면에는 당초문(唐草紋)을 조각하였고 그 중앙부의 답도(踏道)에는 봉황을 새겨 놓았다. 봉황은 인정전 내부의 중앙 천장에도, 보좌(寶座) 위의 닫집에도 새겨져 있으며 고종이 황제로 등극한 뒤에 덕수궁의 중화전에 새겨진 용(龍)과 비교된다.

인정전은 외삼출목(外三出目, 七包作)에 내사출목(內四出目, 九包作)의 다포 양식으로 공포 바깥쪽의 쇠서는 끝이 휘어오른 앙서(仰舌)가 셋 있고 그 위로 끝이 휘어내린 수서(垂舌)와 둥글둥글한

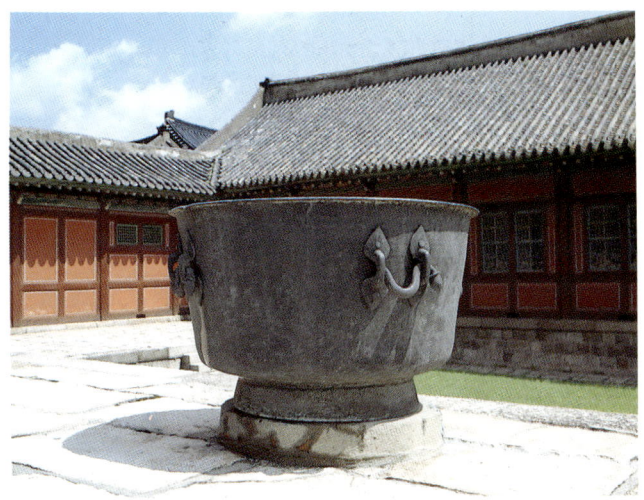

**인정전 드므**　인정전 상, 하월대의 좌우로 4개소에 설치되어 있는 드므는 불귀
신의 접근을 막기 위한 일종의 벽사 시설이다.

모습의 운공(雲工)이 놓인다. 보머리는 앙서 위에 놓이게 되며 끝머
리가 세 번 꺾이는 모습의 삼분두(三分頭) 형식이다.

　기둥의 머리 쪽에는 앙서 밑에서 창방 하부에까지 연속되는 안초
공(按草工;기둥머리에 얹어서 주심포를 받드는 부재)이 설치되고,
첨차의 밑면이 둥글게 처리된 교두형(翹頭形)의 모습과 조각된 부재
의 형식에서는 조선 말기의 수법이 잘 나타난 것으로 보고 있다.

　외관상으로 하층의 창호는 사면에 고창을 두고 진후의 중앙칸에
만 문이 네 짝인 사분합문(四分閤門)이다. 나머지는 모두 삼분합문
이며 2층에는 교살창만이 사면에 설치되었다.

　현재 하층문의 여닫는 방법은 모두 밖으로 여는 형식으로 되어
있으나 일제시대에 개수되기 전에 촬영한 「조선고적도보」의 사진에

의하면, 정면 양단부의 협칸은 문 상단부에 삼배목(정첩과 같은 기능을 갖는 꼭지가 셋으로 나뉜 재래식 철물)을 설치하여 아래를 밀어 밖으로 열게 하거나 뗄 수 있게 되어 있다. 나머지의 문들은 모두 안쪽으로 열게 되었던 것으로 보인다. 이와 같은 상황은 창경궁의 명정전에서도 안쪽에 문둔테가 남아 있으나 밖으로 열도록 변형되었고, 경희궁 숭정전(崇政殿)에서도 안으로 여는 모습이 사진에 나타나 있다.

이처럼 문을 안쪽으로 열게 되는 이유는 각종의 궁궐 의궤도(宮闕儀軌圖)에서 볼 수 있듯이 행사나 잔치가 베풀어질 때에 정전 앞에 차일을 높이 설치하고 임시의 단을 마련하여 의식을 진행하기에는 안쪽으로 여는 것이 편리할 것이고, 또 그런 행사에서는 정전의 기단 위가 가장 상석(上席)으로 이용되는 사실에서도 헤아릴 수 있는 것이다.

실제로 현재의 건물에는 차일을 치기 위한 쇠고리가 기둥과 평방에 박혀 있으며 상월대의 넓적한 상면에도 든든하게 박혀 있는 쇠고리를 볼 수 있다.

47쪽 사진     건물 내부는 고주(高柱) 사이로 운궁(雲宮)과 낙양 초각을 설치하고 화려한 보개 천장이 중앙 천장에 시설되었다. 이 가운데 부분에는 꽃구름(五色雲)과 황금빛의 봉황과 여의주가 나무로 조각되어 매달려 있어 보는 위치가 달라지면 구름 위로 봉황이 날아가는 듯이 느껴진다. 운궁에는 쇠코 결련의 문양을 그리고 궁판에는 보상화문

68쪽 사진 (寶相華紋)을 투각하였다.

인정전의 편액은 검정 바탕에 흰 글씨로 양각되었고 액자는 칠보문(七寶紋)을 그렸다. 액자의 네 귀에는 구름 모양으로 조각되었고 현판의 글씨체는 서영보(竹石 徐榮輔;1759~1816년)의 솜씨라 한다.

# 선정전(宣政殿)

창덕궁의 정전(正殿)인 인정전은 공식적인 국가 행사를 베푸는 장소이고, 보통 때 임금이 신하들과 국가의 정치를 의논하는 곳을 편전(便殿)이라 한다. 선정전이 바로 외전(外殿)에 속하는 편전이다. 따라서 건물의 구성에서도 공식적인 치장이 가미되며, 위치로는 정전의 후방에 배치되나 창덕궁에서는 인정전의 동쪽에 정전보다 뒤로 물러나 앉아 있다. 규범을 지키되 주변 환경에 적합하도록 적응시킨 것이다.

세조 7년(1461)에 궁궐 건물들의 이름을 바꿀 때 조계청(朝啓廳)이라 하던 것을 선정전이라 하였다. 선정전도 임진왜란 때에 소실된 것이 광해군 때 재건되고, 인조 반정 때에 다시 화재를 당하여 인조 25년(1647)에 중건되었다. 이때에는 광해군이 창건한 인경궁(仁慶宮)의 전각을 철거하여 그 재목을 이용함으로써 700여 칸의 전각 중건을 5개월 만인 짧은 기간에 완공한다. 이 당시의 공사 내용을 기록한 「창덕궁수리도감의궤(昌德宮修理都監儀軌)」에는 중건되는 건물과 철거되는 건물에 대한 상세한 기록이 있으며 그 내용을 검토한 결과로는 인경궁의 광정전(光政殿) 9칸을 철거하여 선정전 9칸을 중건한 것으로 보고 있다.

그 뒤의 선정전의 변천에 관해서는 현종 15년(1674) 7월에 건물이 손상된 것을 고치라는 분부가 있었으나 봄부터 앓아온 질병으로 8월 18일에 현종이 승하하였으므로 시행 여부는 알 수 없다. 그리고는 선정전의 수리에 관한 기록이 없으므로 이 건물은 인조 때에 중건된 건물의 모습을 보이고 있다고 하겠다. 더 나아가서는 광해군 때에 이루어진 인경궁 광정전의 골격을 지니고 있으므로 인경궁과 같은 시기에 이룩된 경희궁의 잔존한 건물 모습과 비교 검토하면 당대의 건축 구조 기법에 관한 것을 밝혀 줄 수 있는 소재를 간직한 건물이라 하겠다.

선정전의 초석과 같은 모습을 경희궁의 흥화문(興化門)과 숭정전
(현재 동국대학교 정각원 건물)에서도 볼 수 있어 인경궁의 광정전
을 이건한 사실과 연관하여 광해군 때의 강직한 초석 제작 기법을
보여 주고 있다.

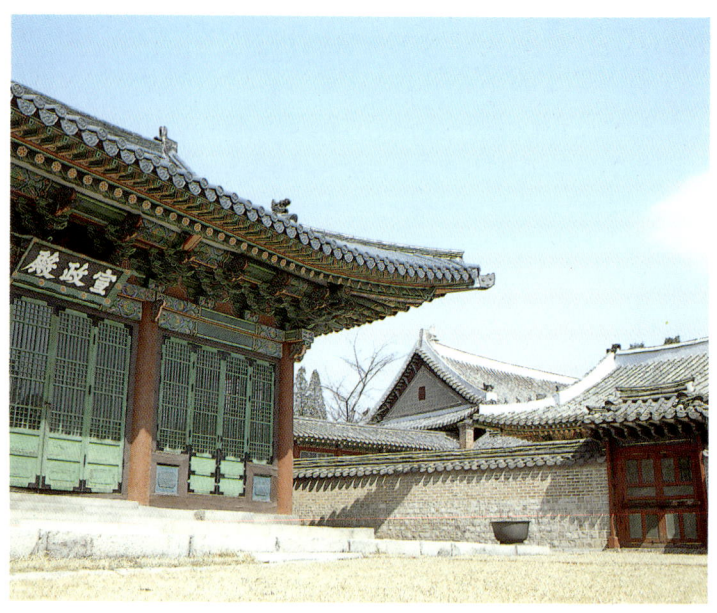

**선정전** 평상시에 임금이 신하들과 국가의 정치를 의논하는 곳을 편전이라 한다. 선정
전이 바로 외전(外殿)에 속하는 편전이다. 따라서 건물의 구성에서도 공식적인 치장
이 가미되며 창덕궁에서는 인정전의 동쪽에 정전보다 뒤로 물러나 앉아 있다.

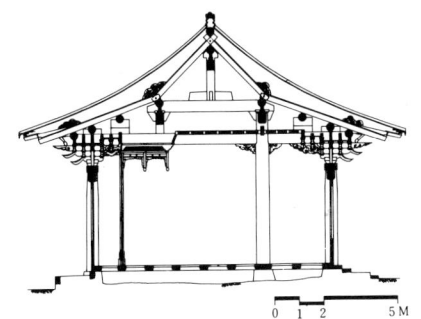

선정전 종단면도

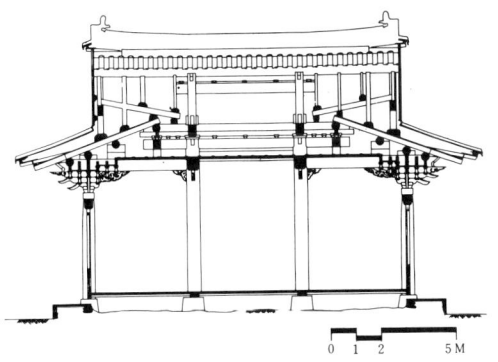

선정전 횡단면도

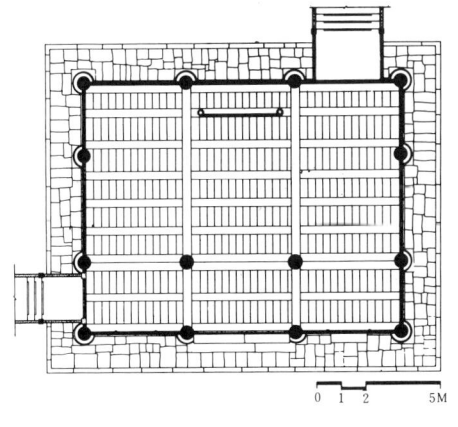

선정전 평면도

장대석 한 단으로 낮게 설치한 월대 위에 다시 장대석 기단 한 단을 두르고 그 위에 정면 3칸, 측면 3칸의 건물을 원형 초석 위에 세웠다. 전면 월대의 두 모서리에는 청동제의 드므(넓적하게 생긴 독)를 설치하였는데 이것은 궁궐 중요 전각의 곳곳에서 볼 수 있는 것으로 물을 담아 두는 것이다. 용도로는 화재를 막기 위해 불귀신을 물리치려는 벽사적(辟邪的)인 의미가 크다. 곧 이 드므의 물에 비친 불귀신이 자신의 모습에 놀라 도망친다는 설이 있다.

외이출목, 내삼출목의 다포 구조이고 내부의 앞쪽에만 고주를 두어 창경궁 명정전에서의 기둥 배열과 같은 방법이다. 벽체에는 사면에 세살 분합문을 설치하고 바닥은 우물 마루로 구성하고 별도의 칸막이가 없이 통칸으로 하였다. 정면의 분합문 가운데 중앙칸은 순수한 사분합문이고 좌우의 협칸은 각각 중앙의 두 짝은 분합문이고 양쪽의 두 짝은 머름 위에 설치된 분합광창(分閤光窓)으로 구성된 특색있는 구조이다. 천장은 대들보의 상단부 높이로 소란 반자를 설치하고 봉황 문양으로 화려한 단청을 하였다.

**선정전 주심포** 선정전은 외이출목, 내삼출목의 다포 구조이고 내부의 앞쪽에만 고주를 두어 창경궁 명정전에서의 기둥 배열과 같은 방법이다.

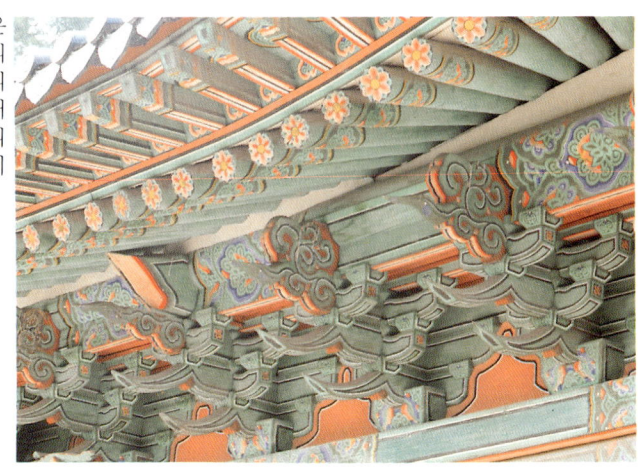

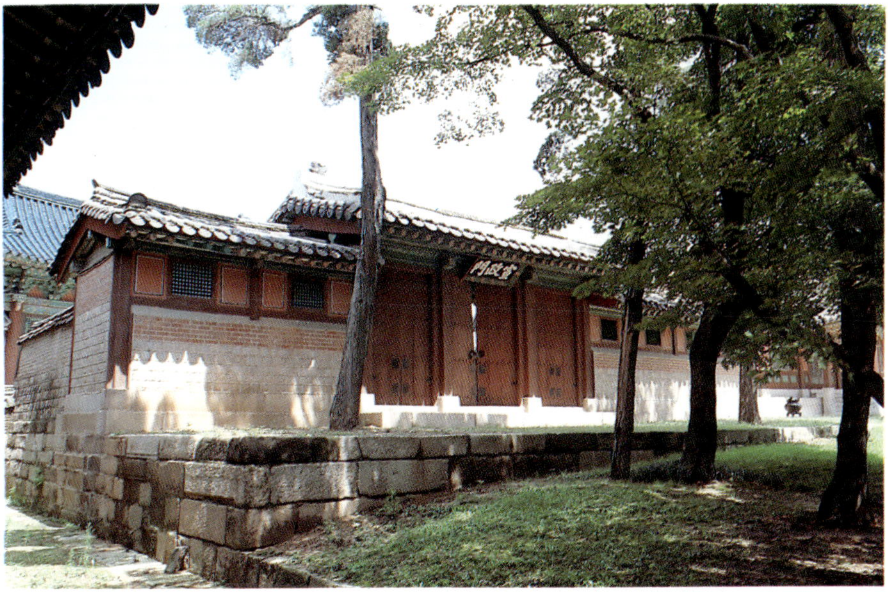

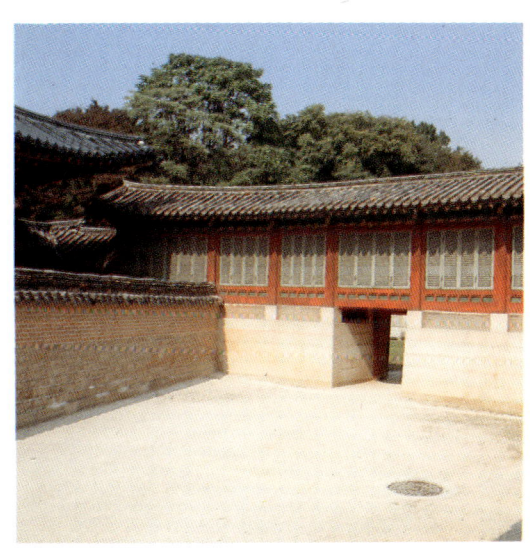

선정문(위)

**선정전과 회정당의 연결 복도각** 석축
을 높이 쌓고 한 쪽에 통로를 만든 뒤
그 위에 복도 건물을 세웠다. 1920년
에 중건하면서 이전의 제도와는 다르
게 구성된 모습의 하나이다.(왼쪽)

중앙칸 뒤쪽으로는 어좌(御座)가 배치되고 그 뒤로 어좌 후벽(後壁)이 설치되고 그 상부에는 보개(寶蓋)가 소란 반자 아래에 구성되었다. 인정전에서 보이는 보개를 간략하게 정리한 것 같은 모습이며 귀접이한 보개 천장에는 금빛의 여의주와 봉황 그리고 꽃구름이 별도의 조각으로 치장되었다. 기둥머리 부분의 안초공이 인정전에서의 길게 늘어진 것과는 달리 여기서는 창방 부위의 높이로 간략하게 설치된 점과 보머리가 삼분두 형식이고 첨차와 쇠서의 형태에서 경희궁의 흥화문과 유사한 모습이 보인다.

지붕은 서까래와 부연으로 구성된 겹처마에 팔작 지붕이고 양성마루가 아닌 기와쌓기의 용마루에는 취두를 설치하였다. 합각 마루에는 용두, 사래 끝에는 토수를 설치하였고 현존하는 궁궐 건물에서는 유일하게 청색 기와로 치장한 건물이다.

'동궐도'와 '동궐도형'에서는 선정전 주위로 반듯하게 회랑이 둘러지고 선정전 앞으로는 5칸의 복도가 있어 솟을삼문으로 연결되고 이 삼문 밖에는 다시 복도 3칸이 있어 솟을삼문인 선정문(宣政門)의 서쪽 칸으로 연결되었다. 선정문 앞에서 서쪽으로 꺾어 들어가면 인정전의 동쪽 문인 광범문(光範門)을 통해 인정전 뜰로 들어가게 된다. '동궐도형'의 회랑 칸수와 현재의 상황을 비교하면 선정전의 마당이 원래보다 동서쪽이 좁아진 상태이고 또한 현재의 평삼문인 선정문도 현재보다 더욱 앞으로 배치되었던 것임을 알 수 있다. 이와 같은 변화는 일제시대에 창덕궁을 개조하면서 선정전의 회랑과 인정전 회랑을 연결시키면서 생긴 것으로 보인다(보물 814호).

55쪽 사진

기록에 의하면 성종 2년에 선정전에서 양로연(養老宴)을 왕비가 베풀었고 같은 해 8월에는 친잠례(親蠶禮)를 행하였으며 명종(明宗) 때에는 문정대비(文定大妃)가 수렴청정(垂簾聽政)을 하던 곳이기도 하였으나 순조 이후에는 선정전보다는 희정당(熙政堂)을 편전으로 사용하였던 것으로 보인다.

# 희정당(熙政堂)

선정전의 동쪽으로 대조전의 남쪽에 위치한 희정당(보물 815호)
은 침전(寢殿)의 하나로 내전에 속하는 건물이며 순조대부터는 정사
를 보는 편전으로 이용되었다.

건물의 방향은 인정전과 선정전이 정남에서 약간 동향으로 치우
친 남향축임에 비해 희정당은 대조전과 함께 서향으로 치우친 남향
축으로 설정되었다. 대조전 북쪽에서 흘러내리는 지형의 방향에
적응한 때문이다.

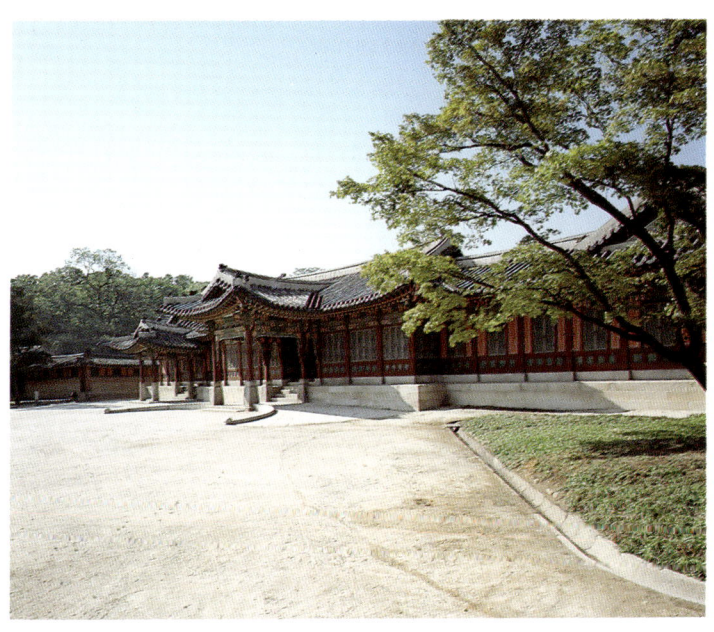

**궁전 출구**  희정당으로 들어가는 남행각 건물이며 중앙부에는 어차(御車)가 접근하도
록 현관을 돌출시키고 있어 궁궐 건물도 개화의 영향을 받았음을 보인다.

희정당은 대조전의 앞에 있고 회랑으로 연속된 건물이기 때문에 대조전과 같은 재난을 겪는다. 광해군 원년에 재건하고 인조 25년 재건, 순조 34년의 재건이 있었으나 1917년의 화재로 내전이 전부 소실될 때 희정당도 소실된다. 소실된 건물을 중건하기 위해 경복궁의 전각을 이건하기로 총독부와 협의하여 순조의 허락을 받는다.

62쪽 위, 아래 사진

공역은 1920년 12월에 끝나고 이때에 희정당도 재건된다. 소실되기 이전의 희정당은 정면 5칸에 측면 3칸의 15칸 건물이나 현재는 정면 11칸에 측면 5칸의 55칸 건물로 되어 원래보다 규모가 훨씬 커진 것이다. 곧 경복궁의 사정전(思政殿) 북쪽에 있던 강녕전(康寧殿)을 이전하여 희정당을 건립한 것이다. 건물을 옮겨 지었으나 강녕전과 같은 규모로 만들면서 원래의 모습과는 다른 부분적인 변형이 있다. 강녕전은 고종 13년 11월에 소실되었던 것을 25년(1888)에 중건한 건물이므로 희정당의 골격은 1888년대의 것으로 보아야 한다.

63쪽 사진

현재의 건물은 5단의 장대석 기단 위에 건물을 세우고 앞뒤로 중앙에 계단을 두었다. 정면 11칸, 측면 5칸에서 사면의 툇간을 통로로 만들었으므로 거실로 사용되는 부분은 정면 9칸에 측면 3칸이 된다. 중앙부의 3칸은 전체를 응접실로 꾸미고 서쪽의 3칸은 회의실이 되고 동쪽의 3칸은 여러 칸으로 막아 창고로 사용하고 있다.

외벽은 앞뒷면으로 중앙의 3칸은 아자(亞字) 분합문과 그 위로 고창을 설치하였다. 기타는 머름인방 위에 아자 분합문과 고창을 두었다. 건물의 양식은 처마도리 밑으로 운공(雲工)을 사용한 이익공 구조이며 고주(高柱) 위에는 팔각형 주두를 사용하고 그 상부로 사각형의 재주두(再柱頭)를 두어 대들보를 받게 하였다. 응접실은 대량 상부로 소란 반자를 하였고 회의실은 서양식의 반자로 구성하였다. 1920년대에 중건하면서 내부는 서양풍의 가구와 치장이 더해

져서 커튼 박스와 전등이 설치되고 쪽널 마루 위에 붉은 카펫으로 설치한 모습이 이색적이다.

특히 응접실의 동쪽 벽과 서쪽 벽에는 대들보 아래쪽으로 높이 1.95미터에 길이 8.8미터의 그림이 걸려 있다. 동쪽에는 '총석정절경도(叢石亭絶景圖)' 서쪽에는 '금강산 만물초승경도(金剛山萬物肖勝景圖)'인데 해강(海岡) 김규진(金圭鎭)이 52세에 그린 산수화 대작이다.

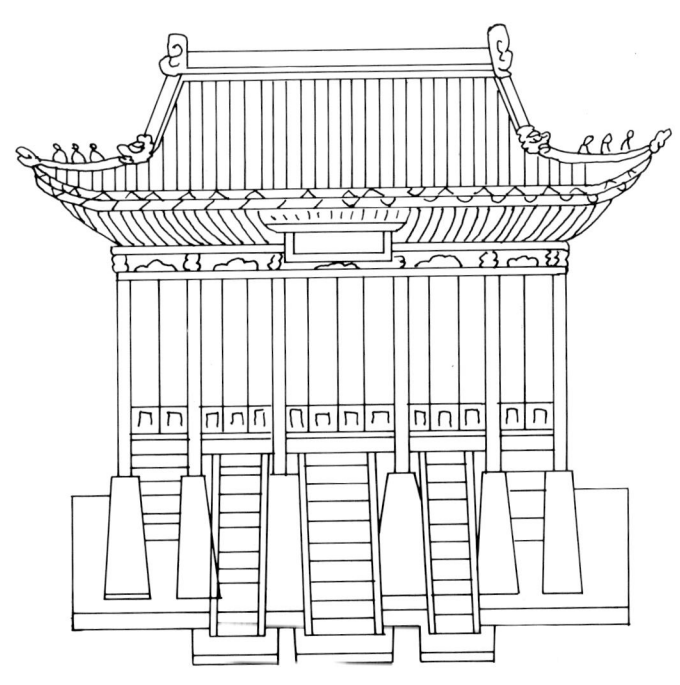

**회정당** 1834년에 작성된 「창덕궁 영건도감 의궤」에 실린 그림으로 지금의 건물과는 다른 본래의 회정당 모습이다. 정면 5칸에 주초석이 높게 설치되고 당에 오르는 계단이 3개소에 시설되었으며 머름중방 위로 분합문을 갖춘 모습이다.

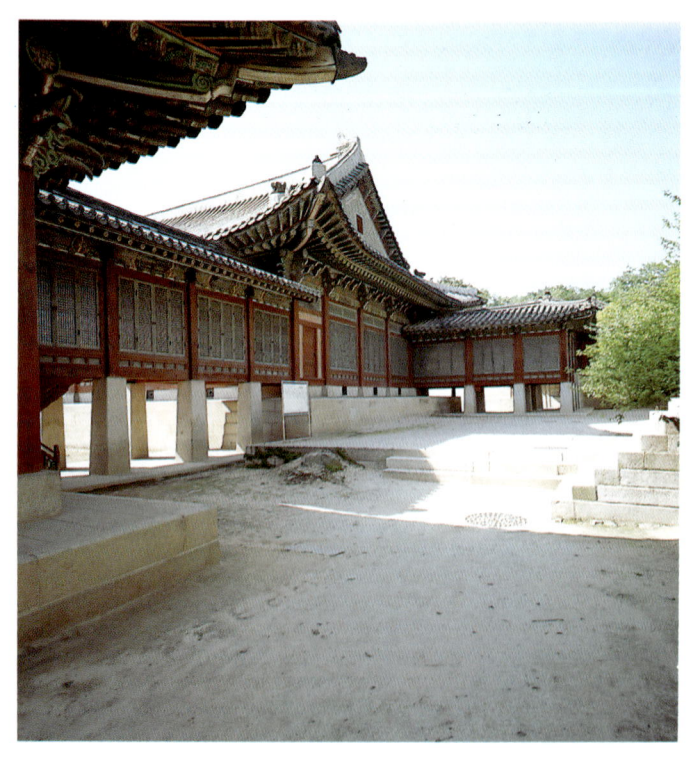

**희정당 동측면** 희정당의 앞뒤로 복도각이 연속된다.

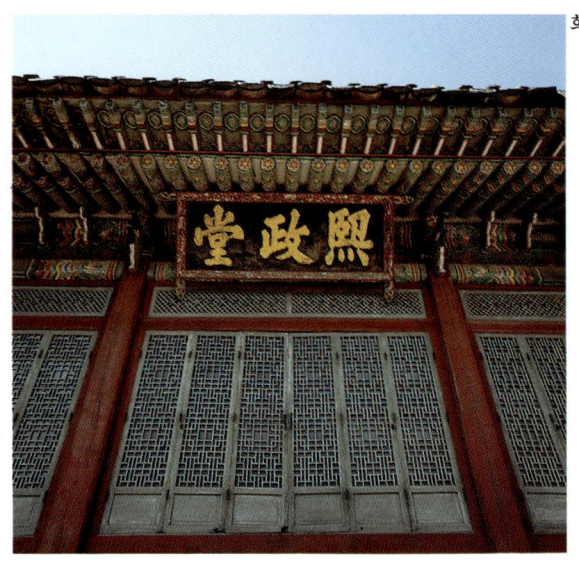

**희정당 정면** 중앙부의 대청칸과 툇마루 앞에 분합문이 설치되었다.

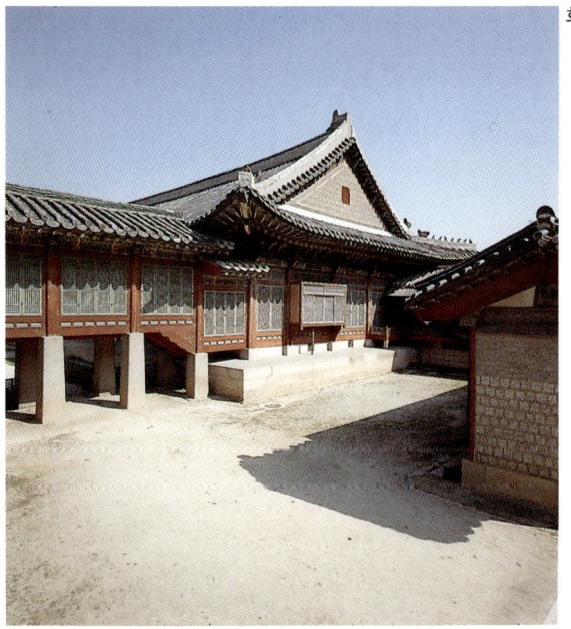

**희정당 서측면** 경복궁 시절 모습과 달라진 것으로 툇마루 부분을 복도로 사용하여 건물 내부에서 여러 전각으로 통행할 수 있도록 한 것이며 결과적으로는 폐쇄적인 모습이 되었다.

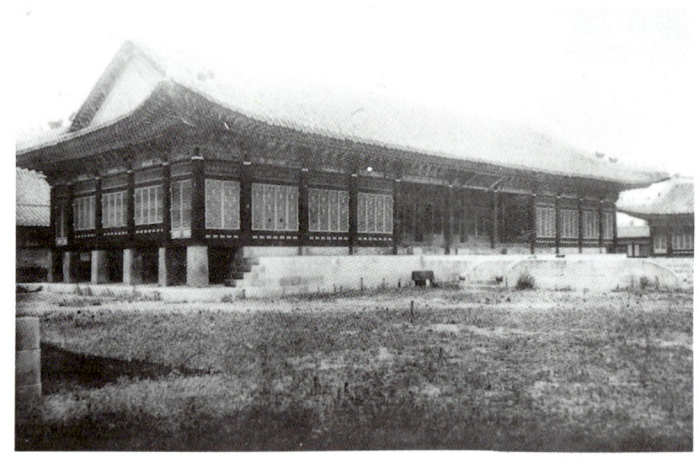

「조선고적도보」의 **강녕전**　경복궁 강녕전의 재목이 뒷날 희정당을 짓는 데 사용되었다.

희정당 북측면

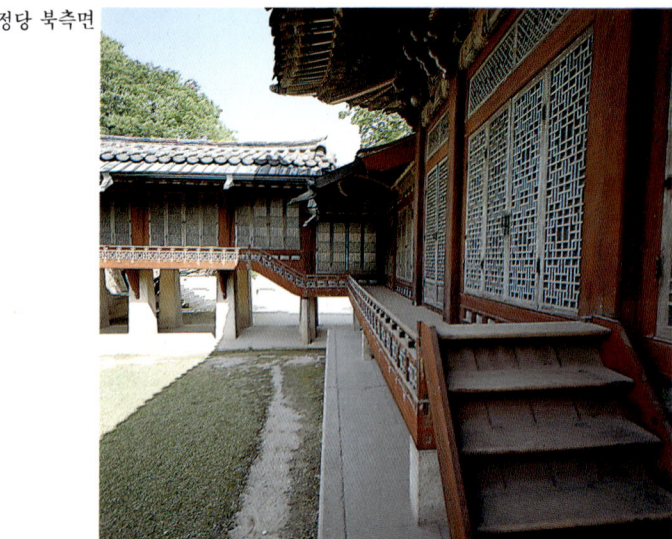

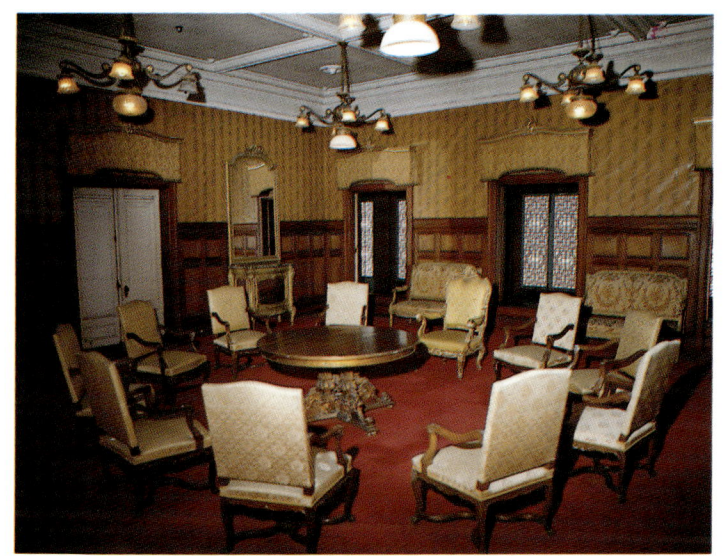

**희정당 대청** 중앙부의 3칸은 전체를 응접실로 꾸미고 서쪽의 3칸은 회의실이 되고 동쪽의 3칸은 여러 칸으로 막아 창고로 사용하고 있다.

지붕은 겹처마에 팔작 지붕으로 양성 마루 위에 취두, 용두, 잡상, 토수로 장식하였다. 경복궁의 강녕전 건물이었을 때는 지붕에 용마루가 없는 무량갓이었으나 희정당에서는 용마루가 형성되었다. 합각벽에는 전돌로 완자 문양으로 치장하고 그 중앙부에는 길상문(吉祥文)을 새겼는데 동쪽에는 강자(康字)를, 서쪽에는 녕자(寧字)로 장식하였다. 경복궁의 강녕전이 이건되었음을 알려 주는 문자인 것이다.

희정당은 앞뒤로 회랑과 연결되어 있어 전면은 궁전 입구를 통해 들어오게 되고 후면은 대조전의 행각과 연결되어 선평문(宣平門)을 통해 대조전으로 들어가게 된다.

# 대조전(大造殿)

　궁궐의 내전에서 가장 중심되는 곳이 중궁전(中宮殿) 곧 왕비의 정당(正堂)인데 창덕궁에서는 대조전(보물 816호)이 여기에 해당된다. 국가의 기틀을 이어가는 세자를 큰 그릇으로 만들어야 국리민복(國利民福)의 안녕을 누릴 수 있다는 뜻에서 대조전이라 명칭하였다. 중궁(中宮)이란 의미가 표현하는 것처럼 왕실의 대(代)를 이루는 곳이므로 구중 궁궐이란 표현 그대로 접근하기 어려운 장소인 것이다.

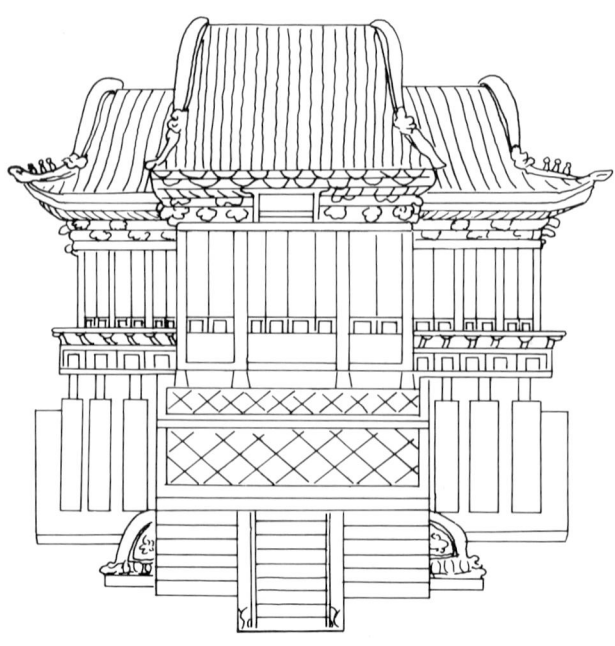

「창덕궁 영건도감 의궤」의 대조전　무량갓의 지붕이 현재의 대조전과는 달리 층단이 있는 점에 큰 차이가 있고, 월대 좌우의 주초석도 높게 설치되었다.

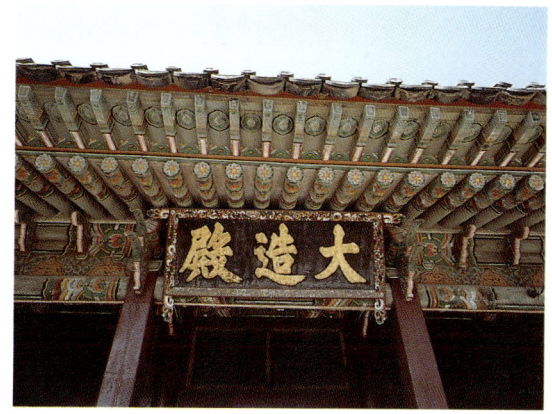

  대조전도 임진왜란 때에 소실된 것이 광해군 초년에 중건되고 15년 뒤인 인조 반정 때에 또 다시 소실된다. 그 뒤 이십여 년 뒤인 인조 25년에 인경궁 건물의 자재를 이용하여 중건되고 순조 33년(1833) 10월에 대조전에서 희정당에 이르기까지 소실된 것을 이듬해에 중건한다. 일제시대인 1917년 11월 10일 오후 5시에 대조전 서온돌과 맞붙은 나인 갱의실(內人更衣室)에서 불이 나 대조전과 희정당, 경훈각을 비롯한 내전이 모두 불타면서 내전에 소장된 서적과 귀중품들도 소실되고 불은 3시간이 지난 8시에야 꺼졌다. 순종과 황후는 급히 연경당으로 피신하였다가 인정전 동행각으로 이어(移御)하고 침소는 성정각(誠正閣)에 임시로 마련하였다가 뒤에 낙선재로 이어한다.

  피재된 건물의 중수를 위하여 경복궁의 전각을 철거하여 재료를 조달키로 하고, 건축의 기본은 한식을 위주로 하면서 서양식도 도입하기로 하여 연내에 착수하여 1919년에 준공할 계획이 설정된다. 공사가 진행되던 중 고종의 승하와 장례식, 3·1 운동 등의 사건이 발생한 탓으로 예정보다 1년 늦은 1920년 12월에 준공되었다.

대조전 앞의 희정당은 경복궁의 강녕전을 이건하고 강녕전 뒤에 있던 교태전(交泰殿)으로 대조전을 중건하게 되면서 내전의 모습은 화재가 나기 전의 모습과는 크게 변한다.

특히 대조전 일곽은 교태전의 모습과 원래 대조전 일곽의 모습이 혼합된 특색있는 구성이 된다. 교태전도 강녕전과 같이 소실되고 중건된 건물이므로 지금 대조전의 주요 구조는 1888년대의 것이 된다.

대조전 뒤 동쪽으로 함원전(含元殿)이 연결되는 것과 1칸 대문이 3칸 대문으로 변한 것은 교태전의 모습이다. 대조전 전면으로 난간이 있는 툇마루가 설치되는 것은 추가된 것이며, 대조전 정면 중앙의 월대는 교태전에서는 없었던 대조전 본래의 것이다.

정면 9칸에 측면 4칸의 운공이 있는 이익공 겹처마 팔작 지붕이고 지붕 위의 용마루가 없는 무량갓(無樑閣) 건물이다.

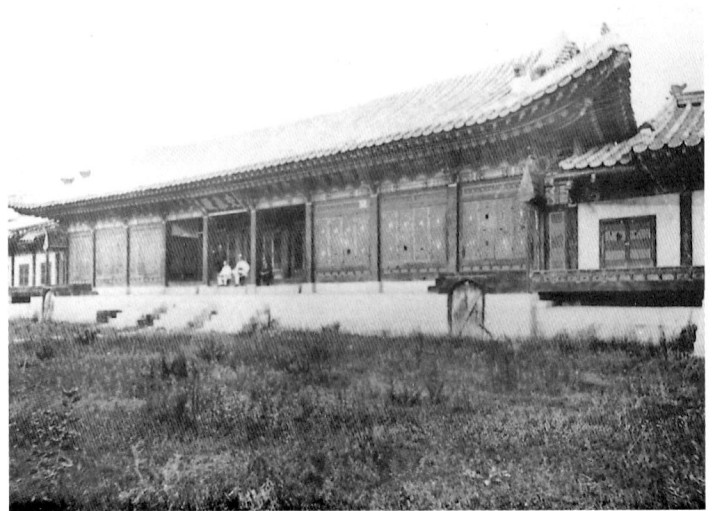

「조선고적도보」의 교태전　경복궁의 교태전이 뒤에 창덕궁의 대조전으로 이건된다.

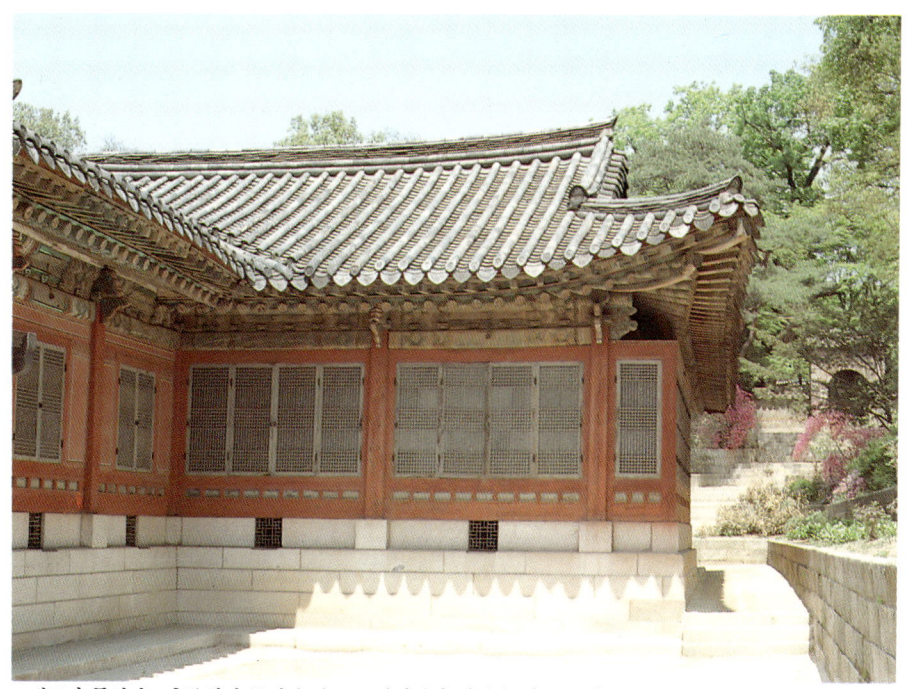

**대조전 동익각**  홍복헌이 동행각 밖으로 뻗어나와 익각을 이루고 있다.

　궁궐마다 중궁전(中宮殿)은 무량갓으로 만들고 있는데 대조전과
창경궁의 통명전(通明殿)이 현존하는 것이고, 경복궁의 교태전과
경희궁의 회상전(會祥殿)도 무량갓 건물이었다. 무량갓의 구조적인
특징은 용마루에 해당하는 부분을 곡와(曲瓦)라 하여 특별히 제작한
구운 기와로 잇고 합각 마루와 추녀 마루는 양성 바르기를 하며
합각벽의 상부는 합각 마루와 함께 둥글게 처리하고 지붕 속의 용마
루 도리를 2줄로 평행하게 구성하고 있다.

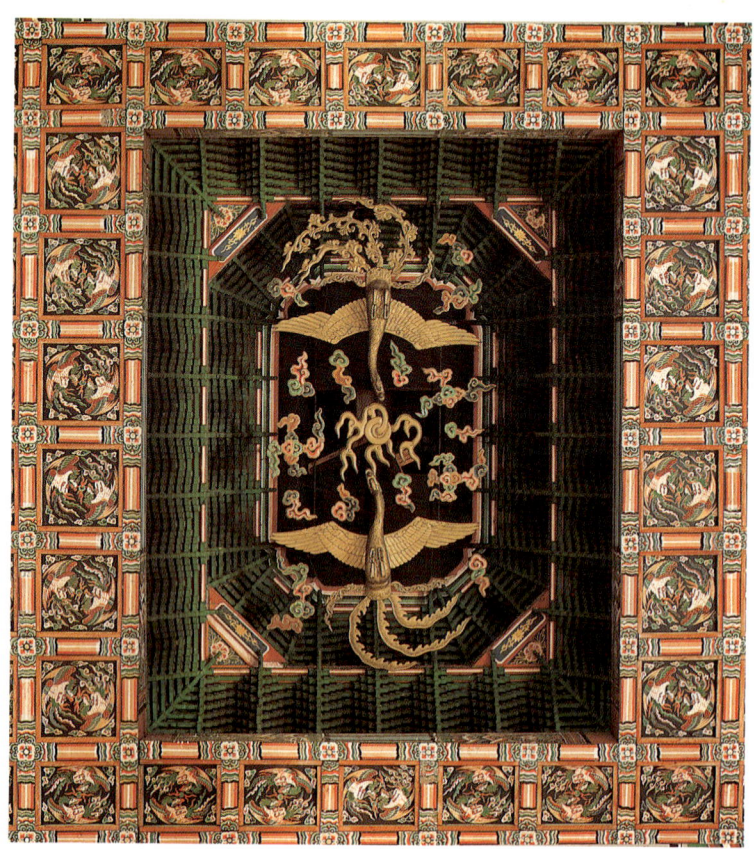

인정전 보개 천장(위)
**대조전 대청**  대청은 서양식의 쪽널 마루로 깔고 응접실로 꾸미어 중국풍의 의
    자를 갖추었다.(오른쪽)

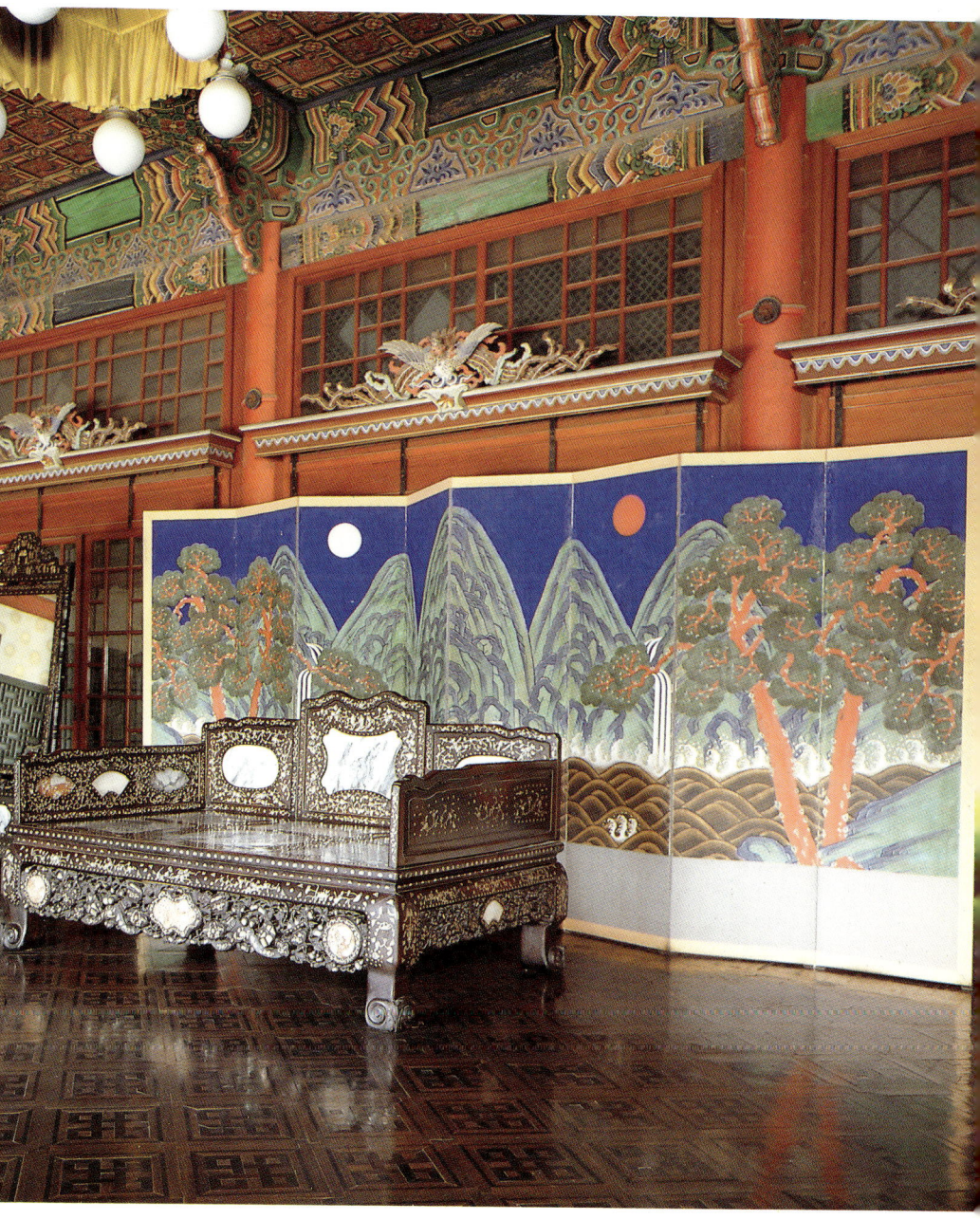

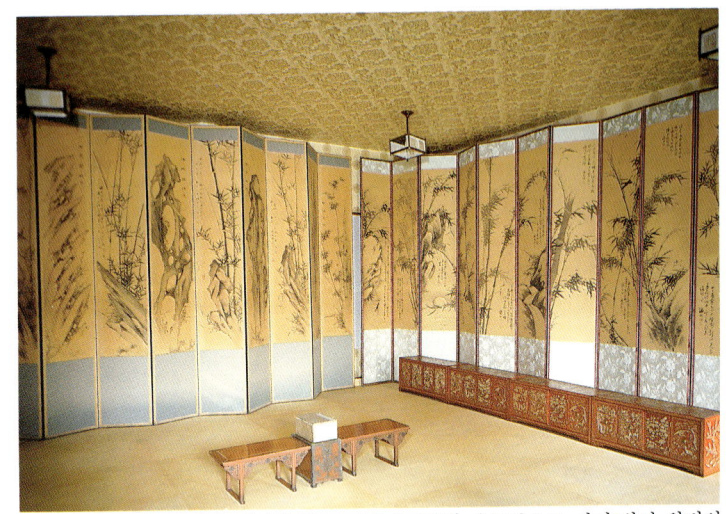

**대조전 왕의 침실** 대청을 사이에 두고 좌우에 4칸의 온돌방으로 하여 왕과 왕비의 침실이 된다.

이와 같은 무량갓을 구성하는 이유는 음양설에 의해 궁궐을 조성하여 자연의 섭리에 순응하여 재앙을 막고, 영구히 안녕을 누리려는 의도인 것으로 파악된다.

중도리를 겹으로 쓴다는 것은 짝수 곧 음수를 의미한다. 용마루가 있는 것이 양이라면 없는 것은 음이 되는 것이며 바깥 기둥은 각주를 사용하고 내부 기둥은 원주를 사용하는 것은 모난 땅과 둥근 하늘을 의미한다. 이 속에 사람이 들면 천지인(天地人)의 삼재(三才)가 합일(合一)하여 하늘 나라의 이상(理想)을 이 땅에 구현하겠다는 의지가 건물에 표현된 것이다.

정면 9칸과 측면 4칸의 건물에서 정면 7칸과 측면 2칸의 부분을 주요 용도로 사용하고 나머지는 복도와 부속실로 구성하였다. 중앙에는 6칸의 대청을 두고 그 좌우에 4칸의 온돌방으로 하여 왕과 왕비의 침실이 된다.

71쪽 사진

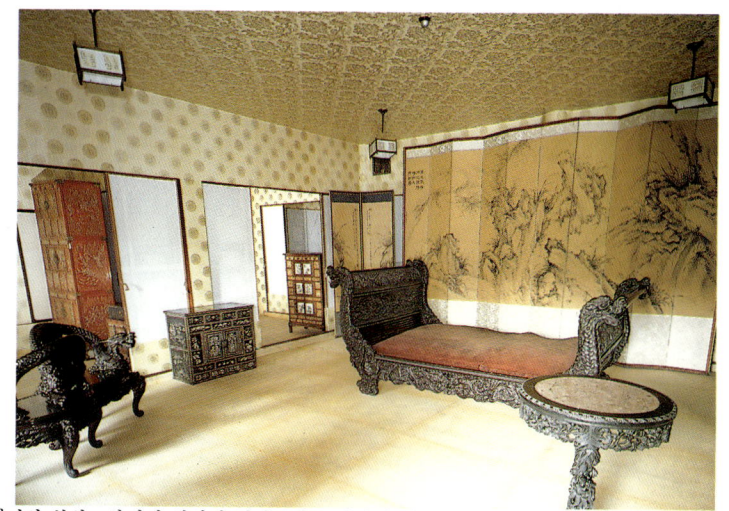

**왕비의 침실** 왕비의 침실에 서양풍이 도입되어 침대가 놓인다.

　대청은 서양식의 쪽널 마루로 깔고 응접실로 꾸미어 중국풍의
의자를 갖추고 왕비의 침실에는 침대가 놓인다. 창호의 종류도 다양
하여 대청 전후면은 세살 분합문을 설치하고 기타의 외부로는 머름
중방 위에 아자 분합문과 고창을 두었고 대청과 방 사이에는 8짝의
불발기문을 설치하고 그 윗벽인 대청 동쪽 벽에는 '봉황도(鳳凰圖)'
를, 서쪽 벽에는 '군학도(群鶴圖)'로 장식하였다. 이 그림은 각각
폭 5.3미터에 높이 1.8미터로 1920년 중건 당시 청년 화가인 오일도
(吳一道), 김은호(金殷鎬) 등 네 사람이 덕수궁에서 그린 것이라고
한다.
　대청의 천정은 대량 상부에 소란 반자로 구성하고 온돌방은 내청
보다는 천장을 낮게 하여 종이 반자로 하였다. 고창의 안쪽에 별도
로 유리창을 설치하고 커튼 박스와 전등으로 치장한 모습은 희정당
과 유사한 모습이다. 지붕에는 용두와 잡상과 토수로 장식하였다.

# 함원전(含元殿)

대조전의 뒤쪽에 동쪽으로 접속된 건물인 함원전은 경복궁의
교태전에 접속되었던 건순각(建順閣)과 같은 모습이지만 건물의
칸수와 기둥 간격은 약간 변형되어 있다. 대조전을 중건하면서 경복
궁의 건물과는 다르게 만들어졌기 때문이다.

본래는 함원전 대신에 그 동쪽으로 별도의 건물인 집상전(集祥
殿)이 있었는데, 인조 25년(1647)에 집상당(集祥堂)을 건립하였고
그 뒤 현종 8년(1667)에 모후(母后)인 인선대비(仁宣大妃)를 위하
여 경희궁의 집희전(集禧殿)을 옮겨 짓고 집상전이라 하였다. 궁궐
에서는 대비전(大妃殿)을 중궁전(中宮殿)의 동북쪽에 세우는 규범에
따른 것이다.

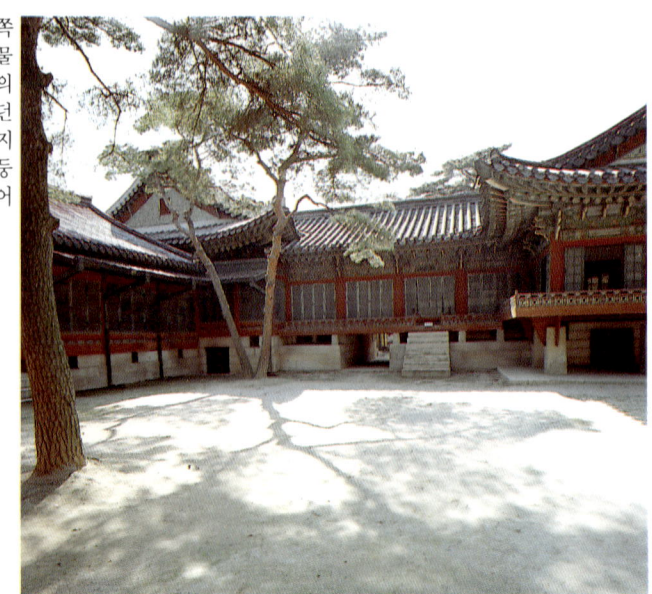

**함원전 일곽** 대조전 뒤쪽
에 동쪽으로 접속된 건물
인 함원전은 경복궁의
교태전에 접속되었던
건순각과 같은 모습이지
만 건물의 칸수와 기둥
간격은 약간 변형되어
있다.

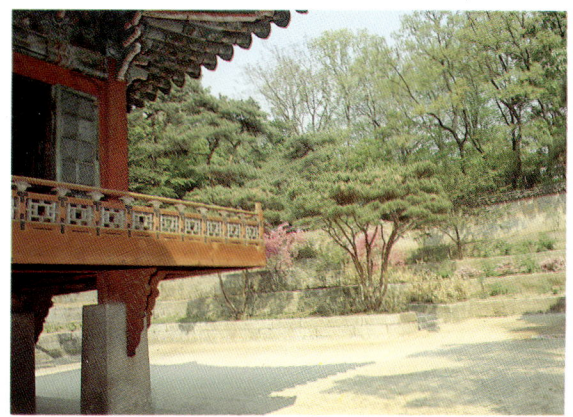

**함원전 누마루와 화계** 함원전은 2칸 폭으로 6칸이 북쪽으로 뻗어나가고 그 북쪽 칸에서 동쪽으로 2칸 폭에 2칸 길이로 한 단 높게 누마루를 꾸미고 누마루의 3면에는 쪽마루와 아자 난간을 둘렀다.

'동궐도'에서는 집상전도 대조전과 같이 지붕에 용마루가 없는 무량갓 건물로 그려져 있으나 '동궐도형'에서는 빈 터만 표현된 것과 「궁궐지」의 기록을 참조하면 순조 33년의 화재로 소실된 뒤로는 중건되지 않았으며, 1920년의 중건 때에는 집상전 대신에 함원전을 세운 것이다.

함원전은 2칸 폭으로 6칸이 북쪽으로 뻗어나가고 그 북쪽 칸에서 동쪽으로 2칸 폭에 2칸 길이로 한 단 높게 누마루를 꾸미고 누마루의 3면에는 쪽마루와 아자 난간을 둘렀다.

건물의 양식은 운공을 사용한 이익공 형식의 물익공 구조로서 대조전의 이익공 양식과 차이가 있다. 세 벌대의 장대석 기단을 두르고 누마루 부분만은 한 벌대의 낮은 장대석 기단 위에 돌기둥을 세우고 그 위로 누마루를 구성하였다.

건물의 계단은 농쪽과 서쪽에 각각 1개소씩 설치하여 앞뒤의 툇마루로 올라서도록 하였으며 평면 구성상의 정면부는 동쪽 면이 되어 동북쪽의 화계와 가정당 뜰로 통하는 천장문(天章門)이 보이도록 하였다.

# 경훈각(景薰閣)

대조전 서북쪽에 위치한 경훈각은 현재는 단층 건물이지만 원래
는 2층 건물이었으며 위층이 징광루(澄光樓)이고 아래층을 경훈각
이라 하였다. 세조 7년(1461)에 전각 명칭을 바꿀 때에 누상(樓
上)을 징광루, 누하를 광세전(廣世殿)이라 하였으므로 그 이전부터
2층 건물이었던 것을 알 수 있다. 그 뒤로 인조 반정 때에 소실되고
인조 25년에 중건되었다가 순조 33년에 소실되고 또 다시 이듬해에
중건된다. 순조 때 화재가 발생하기 전인 1826년에서 1830년 사이
에 그려진 것으로 알려진 '동궐도'에서는 경훈각이 2층에 청색 기와

**경훈각과 징광루** 「창덕궁 영건도감
의궤」의 그림으로 위층이 징광루,
아래층이 경훈각이다. 위아래층의
정면이 각 5칸으로 위층에 난간을
갖춘 이 건물이 소실되지 않았더라
면 덕수궁의 석어당과 비교되는 현
존하는 2층 건물이었을 것이다.

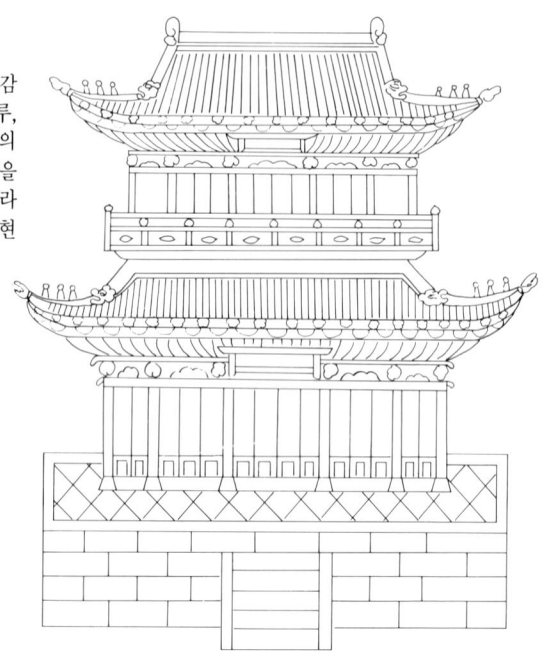

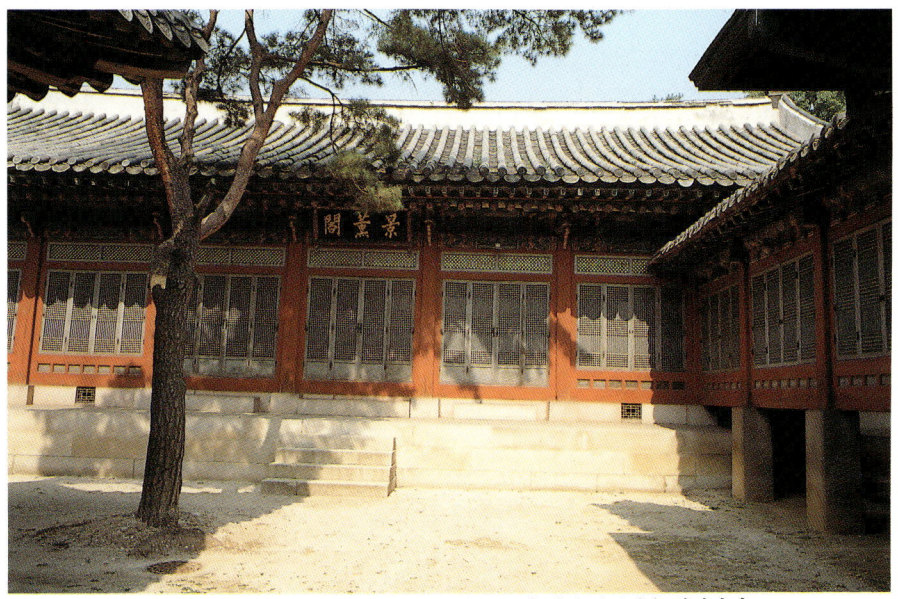

**경훈각** 현재의 경훈각은 1920년에 경복궁의 자경전 북쪽에 있던 만경전을 철거하여 단층으로 건립된 것이다.

로 그려져 있으므로 인조 연간의 중건 때에 청기와로 지붕을 이은 것으로 추측된다.

　1917년에 창덕궁의 화재로 불타 버린 경훈각도 대조전과 함께 1920년에 중건된다. 현재의 경훈각은 바로 이때에 경복궁의 자경전 북쪽에 있던 만경전(萬慶殿)을 철거하여 단층으로 건립된 것이다. 그렇게 판단하는 이유로는 경복궁의 철거 건물 목록에 만경전이 있고 「경복궁 궁궐지」의 '만경전조'에는 "36칸 무익공(無翼工)"이라 하여 지금의 경훈각 구조와 같고 기둥 사이의 치수도 일치하고 있다. 또한 「조선고적도보」에 실린 만경전의 사진이 경훈각과 합치되고 있으나 양단부의 툇간만 변형되어 의심의 여지가 없기 때문이다. 만경전은 임진왜란이 일어난 지 270여 년 뒤인 고종 4년(1867)에 중건된 건물이므로 현재 경훈각의 주요 골격은 고종 4년대의 건물로 보아야 한다.

본래 경훈각은 정면 5칸, 측면 4칸의 2층 건물이었으나 현재는 정면 9칸, 측면 4칸의 단층 건물이며 초익공계의 물익공 양식으로 겹처마 팔작 지붕이고 지붕 마루는 양성 바름에 취두, 용두, 잡상, 토수로 장식하였다. 건물의 정면 동쪽에서 두번째 칸에서 복도각 4칸으로 대조전 서쪽 뒷면과 연결되어 있다. 건물의 앞뒷면 툇간은 복도와 부속실로 이용되고 정면 9칸에 측면 2칸을 동서로 3칸씩 나누어 가운데 칸이 대청으로 되었다. 나머지는 동 온돌방과 서 온돌방으로 되어 있으며 불아궁이는 동서 옆면에 각각 2개소씩 설치되어 있다.

기단은 4면을 3단의 장대석으로 높이 95센티미터 정도로 축조하고 앞뒷면의 가운데 칸에만 계단을 설치하였으며 높이 36센티미터의 각형 주초석 위에 건물 전체로 각기둥을 사용하였고 사면으로는 세살 분합문 위에 고창을 설치하였다. 뒷면의 서쪽 4칸에는 처마 밑으로 별도의 툇간을 기단 위에 구축하였다.

대청의 동쪽 벽에는 '조일선관도(朝日仙觀圖)'가, 서쪽 벽에는 '삼선관파도(三仙觀波圖)'가 그려져 있는데 대조전과 희정당의 그림과 같이 1920년에 제작된 것이다.


## 가정당(嘉靖堂)

대조전 뒤뜰 화계 위의 담장에는 전돌로 축조된 추양문(秋陽門)

과 천장문(天章門)이 있고 그 북쪽의 넓적한 뜰에 가정당이 있다.

이 건물은 '동궐도'와 「궁궐지」 그리고 '동궐도형'에도 표현되지 않은 건물이며 조선시대 건물을 일제시대 초에 옮겨 세운 것으로 보고 있으나 덕수궁에 있던 가정당을 이건한 것일지도 모르겠다.

덕수궁의 가정당은 중화전 북쪽에 있는 즉조당(即祚堂)과 석어당(昔御堂)의 북쪽에 있던 건물로서 고종 광무 8년(1904)의 화재 때에도 무사하였고, 1919년 1월 21일에 함녕전에서 고종이 승하할 때까지는 덕수궁이 궁궐로서 사용되었다. 1933년에는 덕수궁의 부속 건물들을 철거하고 동년 10월 1일에는 일반에게 공개하였으므로 덕수궁의 가정당이 이전 가능한 시기로는 1919년에서 1933년 사이로 추측할 수 있겠고, 대조전 일곽이 중건되는 1920년대 전후의 시기일 것으로 짐작된다.

건물은 정면 5칸, 측면 2칸의 각기둥을 사용한 5량 겹처마 팔작지붕이다. 굴도리에 소로수장을 한 간소한 건물이지만 외관은 아주 단정하여 궁궐의 별당(別堂)으로서 손색이 없는 건물이다.

정면 5칸 가운데 양측칸은 통칸으로 하여 온돌방을 두고 중앙의 3칸은 전면에 퇴를 둔 대청으로 구성하고, 건물의 뒷면에는 전체로 쪽마루를 두고 아자 난간을 설치하였다. 기단은 두 벌대의 장대석으로 두르고 대청 부분만은 앞뒤로 장대석을 한 단 더 쌓아 세 벌대의 기단으로 구성하여 정면에 3개소와 좌우와 뒷면에는 각 1개소의 계단을 설치하였다. 온돌방 부분은 측면으로 사각형의 긴 주초석을 세우고 사이에는 전돌로 치장하여 쌓은 뒤 그 위로 머름과 세살 분합문을 두었다. 굴뚝은 건물 뒤쪽의 담장 부근에 배치되어 있어 잘 눈에 띄지 않는다.

건물의 주위는 수목과 경관이 수려하고 궁궐 내전의 뒤쪽에 높직한 대지에 자리하면서도 밖으로 노출되지 않아 한적하고 밝은 분위기가 별당지로서는 건물과 함께 일품이다.

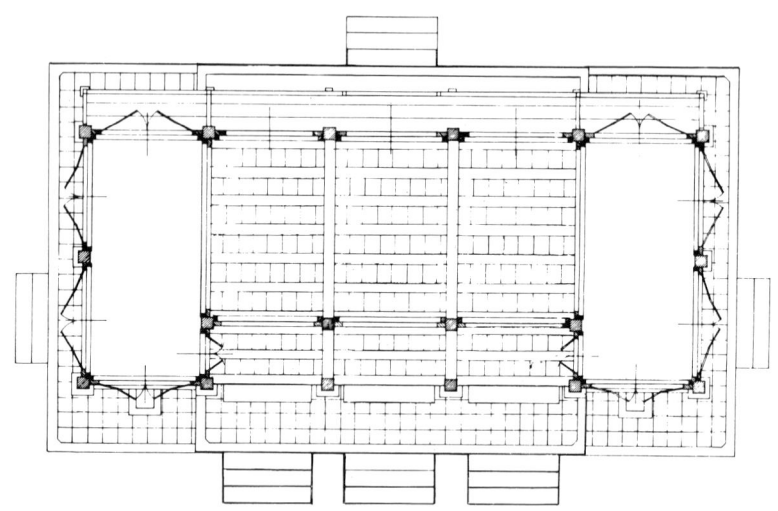

가정당 평면도

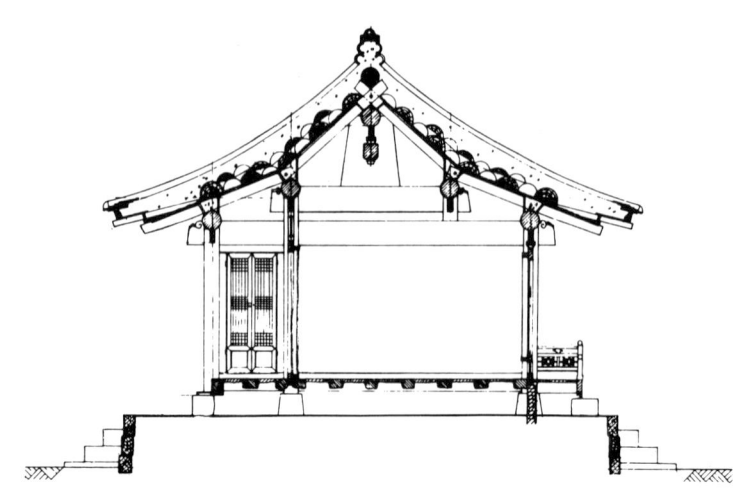

가정당 단면도

78 창덕궁의 배치와 특징

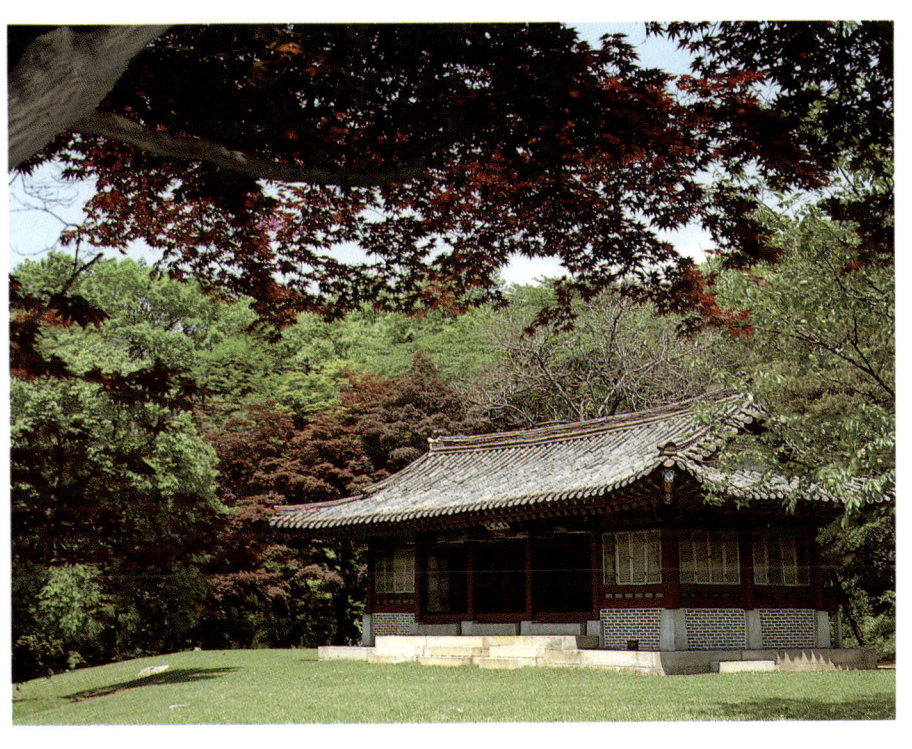

**가정당**  덕수궁의 가정당은 중화전 북쪽에 있는 즉조당과 석어당의 북쪽에 있던 건물
로서 고종 광무 8년(1904)의 화재 때에도 무사하였다.

# 어차고(御車庫)

　인정문에서 내의원 쪽으로 올라가는 도중 오른쪽에는 고종과 순종이 사용하던 어연(御輦)과 주정소(晝停所；국왕의 능행 등 행차 때에 잠시 쉬기 위한 용도의 구조물), 외바퀴의 초헌(軺軒), 마차 (馬車)와 승용차(1903년제 캐딜락, 1909년제 다이뮬러) 들이 전시된 건물이 있어 승용차의 변화 과정을 실감할 수 있어 흥미롭다.

　여기는 본래 내전으로 들어가는 대문이었던 숙장문(肅章門)의 안쪽이며 동시에 편전으로 들어가는 길목에 해당하는 곳으로 '동궐도'에서는 빈청(賓廳)이라 하였고 「궁궐지」에서는 비궁당(匪躬堂) 이라 하였다. 대신(大臣)과 비변사(備邊司；국방에 관한 일을 맡아보 던 관청) 당상관(堂上官)이 국왕을 만나기 위해 모이는 장소이며 때로는 외국의 사신이 임금을 접견하기 위해 잠시 머무르는 곳이라 고 한다.

　비궁이란 말의 뜻은 '제 몸을 돌보지 않고 국가에 충성을 다한 다'는 것으로 「역경(易經, 周易)」에 있는 단어를 취한 것이다. 말하자 면 국가 최고위의 대신인 정승들이 한마음으로 국가를 위한 충성으 로 헌신을 하라는 의미인 것이다.

81쪽 사진　정면 5칸에 측면 3칸의 초익공 양식의 건물로서 현재는 내부의 벽체를 철거하여 진열관으로 사용하고 있으나 '동궐도형'에서는 좌우쪽의 칸이 온돌방으로 되어 이 부분의 지붕이 맞배 지붕으로 대청부의 지붕에 직각으로 구성됨으로써 팔작 지붕과 맞배 지붕이 결합된 일종의 공자(工字) 형태의 독특한 지붕 모습을 보여 주고 있다.

　국가의 실권이 일본에 넘어가면서 1910년부터는 이곳을 궁내의 차고로 사용하였다 하니 이 건물은 내부의 전시품과 함께 세월의 무상함을 말없이 간직하고 있는 건물이다.

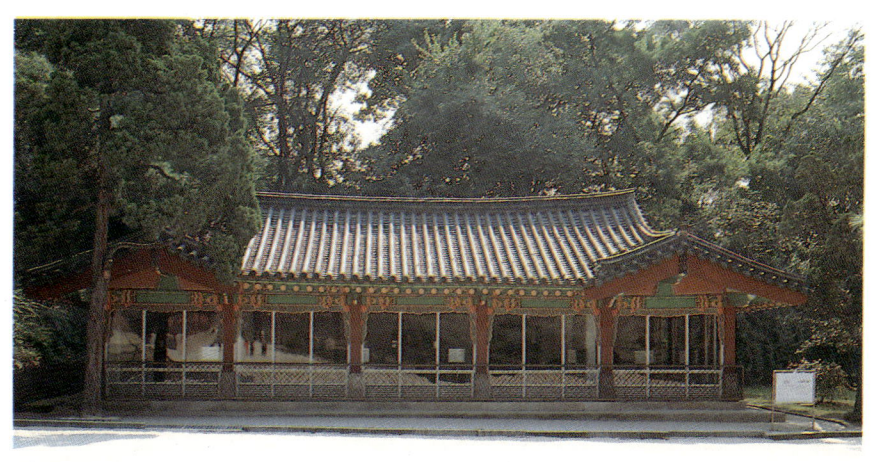

**어차고**　정면 5칸에 측면 3칸의 초익공 양식의 건물로서 현재는 내부의 벽체를 철거하
여 진열관으로 사용하고 있으나 '동궐도형'에서는 좌우쪽의 칸이 온돌방으로 되어
이 부분의 지붕이 맞배 지붕으로 대청부의 지붕에 직각으로 구성됨으로써 팔작 지붕
과 맞배 지붕이 결합된 일종의 공(工)자 형태의 독특한 지붕 모습을 보여 주고 있
다.

# 내의원(內醫院)과 성정각(誠正閣)

　희정당 동남쪽에 남향으로 자리하여 문간채와 담장으로 둘러싸여 있으며 현재 내의원으로 소개되고 있는 건물인 성정각은 원래 동궁(東宮)이 학문을 배우던 곳이다. 올바른 것을 공경한다는 뜻의 건물 이름에서도 그 용도를 짐작할 수 있다.

　내의원은 왕실의 의약을 담당하던 곳으로 인정전 서쪽에 위치하고 있었으며 '동궐도'에서는 "약방(藥房)"으로 기록하고 있고 또 "내국(內局)"이라고도 하였다. 내의원은 고종 32년(1895)에 폐지되고 전의사(典醫司)로 개칭되었으므로 그 뒤에 성정각을 내의원 용도로 사용한 것 같다. 1917년의 화재로 임시 침소(寢所)로 사용되기도 하였으므로 1920년대의 중건 때에 내의원으로 바뀐 것 같다. 마당에는 약재를 다루던 돌절구가 남아 있다.

　'동궐도'와 '동궐도형'에 그려진 성정각의 그림과 현존하는 건물과

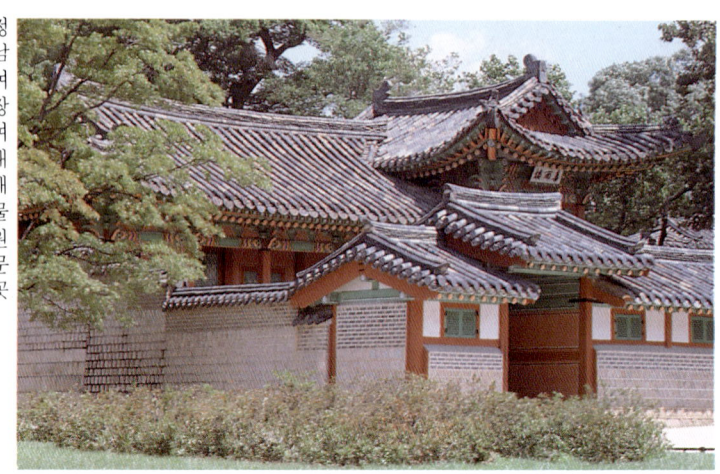

**내의원 전경** 희정당 동남쪽에 남향으로 자리하여 문간채와 담장으로 둘러싸여 있으며 현재 내의원으로 소개되고 있는 건물인 성정각은 원래 동궁이 학문을 배우던 곳이다.

는 모습이 부합된다. 그런데 정조 이후의 중수 기록이 없으며, 성정 각 현판이 정조 어필(御筆)이라는 기록과 성정각 동쪽의 중희당을 정조 6년에 세우는 등의 여러 가지 정황으로 보아 이 건물은 정조 연간에 건립된 것으로 보고 있다. 건물의 편액 가운데는 "조화어약 (調和御藥)"과 "보호성궁(保護聖躬)"이 있으며 「한경지략(漢京識 略)」에서는 "화제어약(和劑御藥)과 보호성궁의 글씨는 원해진(元海 振)이 쓴 것"이라고 하였다.

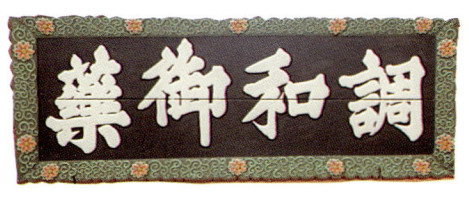

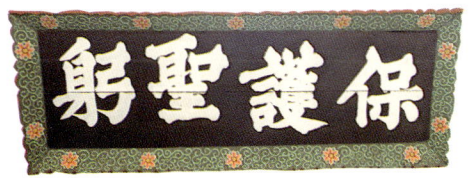

건물의 편액 「한경지략」에서는 "화 제어약과 보호성궁의 글씨는 원해 진이 쓴 것"이라고 하였다.

건물은 정면 6칸에 측면 2칸이며 동쪽 칸에는 반 칸이 돌출되어 뒤의 2칸과 같이 누마루로 구성되어 있으며 누마루 아랫부분은 개방되어 있다. 누마루 서쪽에 반 칸의 마루방이 있고 그 옆 2칸이 방, 다음이 대청, 다음 앞뒤로 방 2칸이 있고 누마루로 오르는 계단 은 반 칸 마루방 앞퇴에 설치되어 있다.

누마루에는 3면에 툇마루와 난간을 설치하고 세살 분합문으로 벽을 구성하였고 누마루 정면에는 보춘정(報春亭), 동면에는 희우루 (喜雨樓)라는 편액이 걸려 있다. 건물은 운공을 사용한 이익공 구조 로 겹처마의 ㄱ자형 지붕에 토수, 용두, 취두를 사용하였다.

85쪽 사진

'동궐도'에서는 성정각 앞으로 널찍한 월대가 있고 누마루 밑에도 벽과 창문이 설치되고 누마루 남쪽 끝에서 동쪽으로 담장이 세워지고 이 담장 중앙부에 일각 대문인 보춘문(報春門)이 있다. 북쪽으로는 누마루의 한 칸 옆에서 북쪽으로 판장이 설치되는 등 마당이 세분되는 상태로 보아 이 건물에 출입하는 사람의 신분과 직책에 따라 통로를 구분하여 동궁(東宮)이 한적하게 면학할 수 있도록 배려한 것으로 보인다. 그리고 이곳의 판장들은 필요에 따라 이동시킬 수 있는 조립식 판장으로 그려진 특색이 있다.

　성정각의 문간채는 5칸이 남아 있으며 서에서 두번째 칸이 영현문(迎賢門)이며 문간채 동쪽에 담장과 연결되어 있는 행각은 '동궐도'에서는 보이지 않는다.

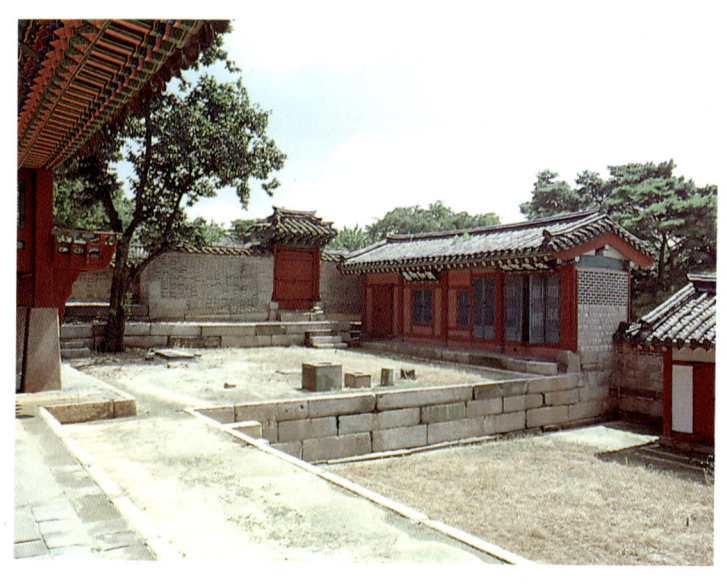

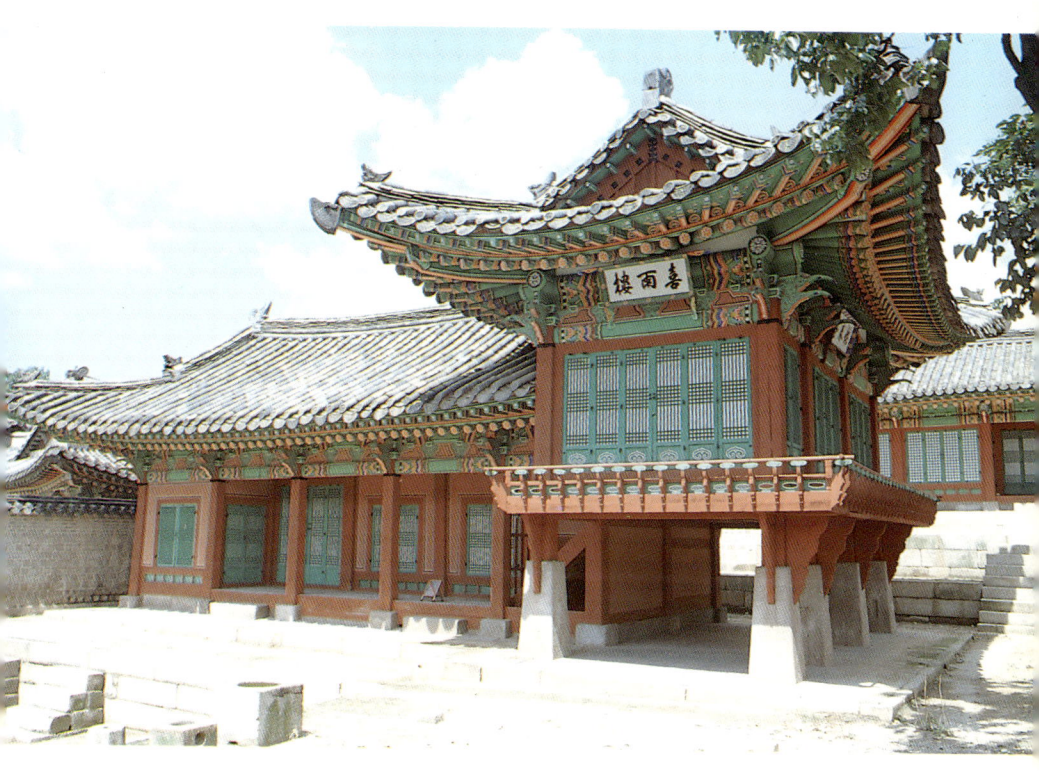

**성정각의 남행각** 내의원은 왕실의 의약을 담당하던 곳으로 인정전 서쪽에 위치하고 있었다. 현재 마당에는 약재를 다루던 돌절구가 남아 있다.(왼쪽)

**성정각** 건물은 정면 6칸에 측면 2칸이며 동쪽 칸에는 반 칸이 돌출되어 뒤의 2칸과 같이 누마루로 구성되어 있으며 누마루 아랫부분은 개방되어 있다.(위)

# 관물헌(觀物軒)

　성정각의 북쪽에 있는 관물헌은 '동궐도'에서는 유여청헌(有餘淸軒)이라 하였으며, 순조의 세자인 익종(翼宗;1809~1830년)이 지은 '관물헌 사영시(四詠詩)'가 있고, 관물헌 북쪽에 있던 대종헌(待鍾軒)은 익종의 동궁 시절(1812~1827년)에 건립하였고, 관물헌 동쪽의 중희당(重熙堂)이 정조 6년에 세운 것이고, 성정각이 정조 연간에 건립된 것으로 추정되고 있으므로 정조대에 창덕궁을 수리할 때에 관물헌도 건립되었을 것으로 추리할 수 있다. 따라서 이 건물은 최소한 1830년 이전에 건립된 건물이다.

　또한 이 건물은 고종 21년(1884)에 개화파에 의해 갑신정변(甲申政變)이 벌어졌던 곳이기도 하다. 건물과 관련된 역사이기에 간략히 소개한다.

　갑신정변을 일으킨 김옥균, 홍영식, 서광범, 박영효 등의 개화당은 고종에게 난을 피하도록 강요하여 창덕궁에서 경우궁(景祐宮)으로 이어(移御)하게 하고, 다시 이재원(李載元:대원군의 조카)의 사저(私邸)인 계동궁(桂洞宮)으로 옮기게 하였으나 국왕과 왕비의 강력한 요구로 환궁하게 되었다. 그러나 개화당은 창덕궁에서 좁고 작은 관물헌으로 이어하게 하였고 이곳을 그들의 작전 본부로 삼았다. 위치상으로 보면 관물헌은 외부에서 감추어진 곳이며 창경궁이나 후원 또는 종묘 쪽으로 빠져나가기 쉬운 장소이기도 한 곳이다. 개화당이 이곳을 선택한 이유는 소수의 병력으로도 청군(淸軍)의 공격을 막을 수 있다고 보았기 때문이다. 청의 원세개(袁世凱)는 2,000명의 병력을 이끌고 들어가 12월 6일 오후에 창덕궁과 후원 일대에서 호위중인 일병(日兵)을 물리치고, 관물헌에 있던 고종은 김옥균 등의 만류를 뿌리치고 왕비가 있는 북관왕묘(北關王廟)로 돌아갔다. 이로써 개화당의 집권은 '삼일천

하'가 되었고 김옥균, 박영효, 서광범, 서재필 등은 일본 공사 일행을 따라 일본으로 망명하였다.

건물은 장대석 기단을 갖춘 정면 6칸에 측면 3칸이나, 앞뒷면의 퇴를 합하면 실제로는 측면 2칸 구조이다. 정면에서 보아 왼쪽 2칸은 방, 가운데 2칸은 대청, 오른쪽 2칸은 방으로 구성하고 방 앞에는 전면 툇간을 마루방으로 하고 왼쪽 면에 벽장을 달아내고, 오른쪽 면에는 별도로 누다락 반 칸을 별도의 지붕으로 구성하였다. 뒷면으로는 전면에 걸쳐 툇마루를 기단 위에 설치하였다.

각기둥에 굴도리를 사용한 5량 구조로서 겹처마의 팔작 지붕이고 용두와 토수로 장식하였다. 초익공계의 물익공 양식이며 대청은 세살 분합문, 기타는 머름중방 위로 격자 분합문을 설치하였고 정면 오른쪽 칸에는 "즙희(緝熙)"라고 쓴 편액이 걸려 있다.

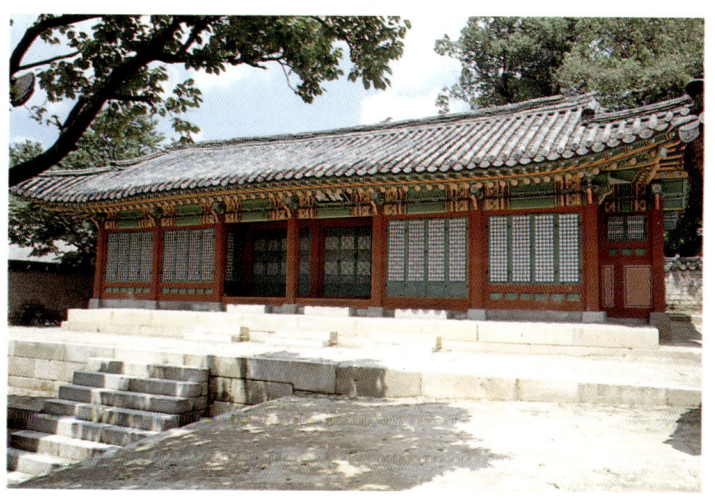

**관물헌**  이 건물은 장대석 기단을 갖춘 정면 6칸이나 앞뒷면의 퇴를 합하면 실제로는 측면 2칸 구조이다.

# 구 선원전(舊璿源殿)

선원전(보물 817호)은 덕망이 높은 선왕(先王)들의 초상화(御眞)를 봉안한 건물로서 생일과 정초에 차례(茶禮, 茶祀)를 행하는 곳이다. 위패를 모시고 신도(神道)로 섬기는 종묘의 제례(祭禮)와는 달리 선원전에서는 초상화를 모시고 다과 음식(茶菓飮食)으로 다례를 드려 인도(人道)로 섬기는 점에 차이가 있는 것이다.

구 선원전의 자리는 처음에는 대궐 안의 아문(衙門)으로 인조반정 때에는 광해군의 세자(世子)를 가두기도 하였던 도총부(都摠府;군사 업무를 담당하던 부서) 자리였으며, 효종 7년(1656) 가을에 경희궁의 경화당(景和堂)을 이건(移建)하여 춘휘전(春輝殿)이라 하였다가 숙종 21년(1695)에 어진을 봉안한 뒤부터는 선원전으로 사용되었다. 그 뒤 영조 30년(1754)에 중수하였고 순조 2년과 순조 16년(1816)에 보수 공사가 있었고 고종 광무 4년(1900)에는 경복궁의 선원전 증설과 함께 창덕궁 선원전의 일실(一室) 증건 공사가 있었다. 어진을 추가로 봉안하기 위한 한 칸 증설이지만 이에 따라 진설청(陳設廳)과 내재실(內齋室)도 이건하고 선원전의 단청과 도배도 새로 하는 등 5월 초에 착수하여 12월 23일에 완료되는 적지 않은 공역이었다.

1917년 창덕궁의 큰 화재로 1920년대에 창덕궁 건물을 중건할 시기인 1921년에는 창덕궁 후원의 서북쪽에 예전 북일영 터(北一營址)였던 외진 곳에 새로 선원전이 건립되었다. 왕실의 조상을 모시는 곳은 국가를 상징하는 곳이기도 하므로 국가의 기세를 꺾고 권위를 깎아내리려는 일제의 의도에 의하여 감추어진 위치에 건립되는 것이다. 신 선원전이 건립되자 숙종 이래로 사용되어 온 선원전은 구 선원전이라 부르게 되었고 현재는 창덕궁의 유물 보관 창고로 쓰이고 있다.

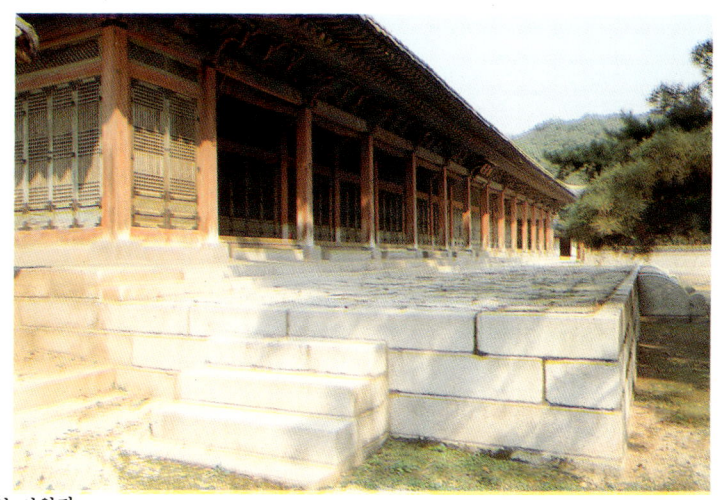

신 선원전

한편 선원전에 모셨던 초상화는 6·25 동란중 부산으로 피난하였다가 화재로 소멸되어 신, 구 선원전 모두 주인 없는 건물이 되어 버렸다.

현재는 선원전만이 남아 있으나 건물의 네 모퉁이에는 진설청과 내재당(內齋堂)의 부속채가 있었고 동남쪽에는 국왕의 재실인 10칸의 양지당(養志堂)이 있었다. 남쪽 행각에는 연경문(衍慶門)이 있고 서쪽에는 승안문(承安門)과 지난날의 일을 되새긴다는 의미의 건물명인 억석루(憶昔樓)가 연속되어 있다. 행각 남쪽에는 영의당(永依堂), 선원전 담장 밖 북서쪽에는 숙경제(肅敬齋)가 있고 동쪽 문은 만안문(萬安門), 서쪽 문은 만녕문(萬寧門), 북쪽에는 경숙문(敬肅門)과 영휘문(永輝門)이라 하여 조상을 공경함으로써 영원히 안녕을 누리려는 의도가 엿보인다.

건물은 정면 9칸, 측면 4칸의 이익공 양식의 겹처마 팔작 지붕으로 세 벌대의 장대석 기단 위에 네모 기둥을 빠짐없이 세우고 내부는 전체를 통칸으로 하여 우물 마루로 깔았다. 기단의 앞면과 뒷면에는 3, 5, 7칸 부분에 우석(隅石)이 없이 단순한 장대석으로 계단을 설치하였다. 실제의 출입구는 정면 가운데 칸 1개소임에도 불구하고 앞뒷면으로 6개소에 설치한 계단은 조상의 혼백과 교통하려는 의미가 내포된 것이다.

바깥쪽의 기둥 사이는 장대석 또는 전돌로 고막이를 하고 그 위로 하인방을 설치하고, 전면 가운데 칸에만 궁판을 둔 격자살 분합문 4짝을, 정면과 양쪽면 그리고 뒷면의 3, 5, 7칸에는 격자살창을 설치하였다. 건물 내부의 천장에서 앞뒤 툇간은 서까래가 노출된 연등 천장이고 나머지는 소란 반자를 설치하여 봉황 문양으로 치장하였다. 고주와 고주의 중간에 대들보 밑으로 본래의 기둥보다는 단면 치수가 적은, 별도의 네모 기둥을 보아지(기둥머리에 끼워 보의 짜임새를 보강하는 짧은 부재)를 사용하여 설치하였는데 이것은 춘휘전을 선원전으로 개수하면서 초상화를 모실 감실(龕室)을 설치하기 위해 추가된 기둥인 것이다. 지붕은 양성 마루에 취두, 용두, 토수, 잡상으로 장식하였고 건물의 동쪽에 있는 화계(花階)가 옛 정취를 느끼게 한다.

이 건물은 효종 7년에 이건한 이래로 여러 차례의 중수 공사가 있었다. 특히 선원전으로 개수되면서 창호와 칸막이 등의 부분적인 변화는 있겠지만, 광해군 12년(1620)에 창건된 경희궁의 경화당을 이전한 것이므로 창덕궁에 세워진 시기는 1656년이지만 주요 골격은 1620년대의 것이다.

주요 전각에서는 보머리를 초각하여 장식하는 것이 일반적인 예인데 선원전에서는 게눈각(박공이나 추녀 밑에 장식하는 소용돌이 무늬)을 한 단순한 보머리와 익공 등의 모습에서 경희궁 숭정전, 홍화문의 기풍이 보이는 점에 주목할 필요가 있다.

# 낙선재(樂善齋)

　「궁궐지」에서는 창경궁에 속한 건물로 기록되고 있으나 근래에는 창덕궁에서 들어가도록 되어 있는 건물로 창덕궁의 동남쪽에 창경궁과 이웃한 곳에 자리잡고 있다. 「승정원 일기(承政院日記)」와 낙선재 상량문에 헌종 13년(1847)에 건립된 것으로 기록된 건물로서 국상을 당한 왕후와 후궁들이 거처하기 위하여 세워진 것으로 전하고 있다.

　이를 뒷받침하는 예로는 낙선재 바깥 뜰에 사각정이 있다. 4면에 난간을 두른 한 칸의 작은 건물로 굴도리에 소로수장으로 4면에 아자(亞字) 분합문과 고창을 둔 것으로서 관(棺)을 발인(發靷)할 때까지 두던 빈전(殯殿)이다. 일반의 정자와는 그 용도가 크게 다른 건물이라 하겠다.

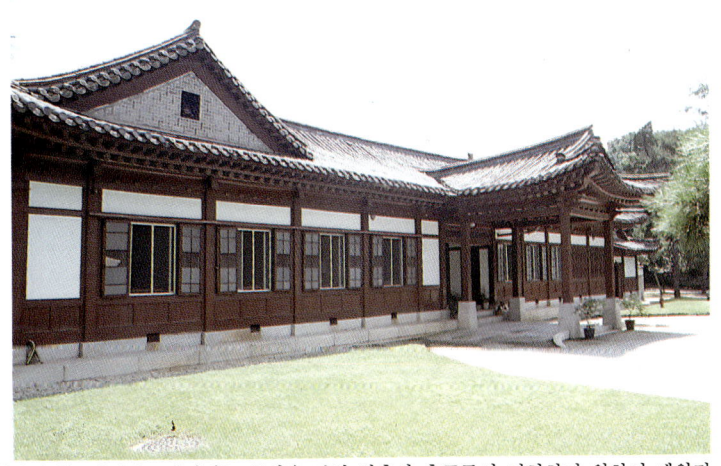

**낙선재 동, 서행각**　낙선재는 국상을 당한 왕후와 후궁들이 거처하기 위하여 세워진 것으로 전한다.

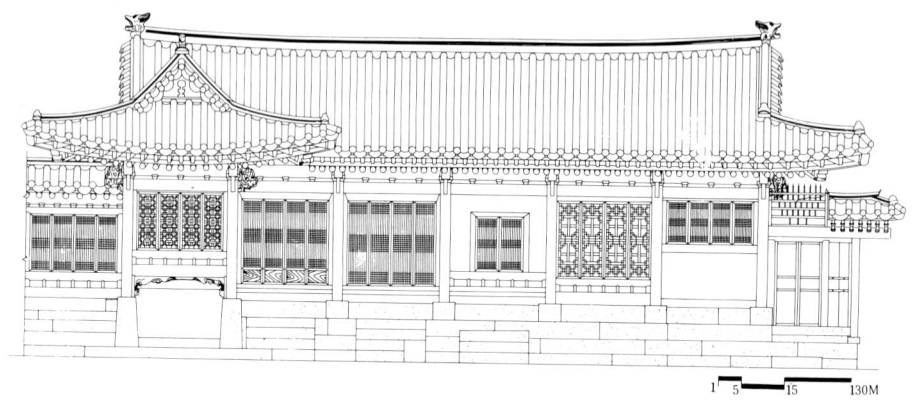

낙선재 정면도

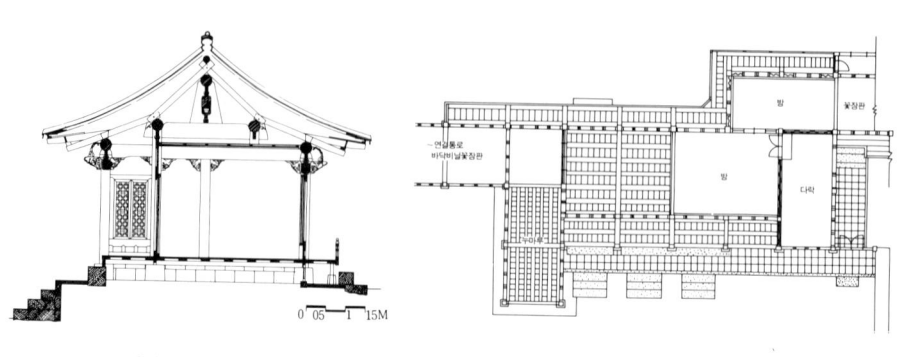

낙선재 종단면도

낙선재 평면도

1926년에 마지막 임금인 순종이 승하하자 계후(繼后)인 윤황후(尹皇后)가 이곳에서 여생을 보냈고, 이방자 여사도 이곳에서 생활하다가 1989년에 타계한 뒤로 낙선재도 일반에게 공개하고 있다. 1820년대에 제작된 '동궐도'에서는 낙선재의 모습이 보이지 않는 것은 당연한 일이다.

서쪽에 낙선재가 있고 행각으로 둘러싸인 동쪽에 석복헌(錫福軒)이 있고 다시 그 동쪽으로 수강재(壽康齋)가 있는데 이 건물들을 통틀어 낙선재라 하고 있다. 원래는 석복헌과 수강재 남행각 밖으로 중행각(中行閣)이 둘러 있고 다시 그 바깥쪽으로 외행각이 길게 늘어서 있었으나 중행각, 외행각은 철거되었다.

수강재만은 '동궐도'에서는 정면 5칸에 동행각이 2칸 연접되어 있는 것으로 보아 낙선재를 건립하면서 수강재도 기존 건물에 행각으로 연결시켜 개수한 것으로 판단된다.

순조 28년(1828)에 건립된 연경당보다 20년 뒤에 세워진 낙선재는 궁궐에 조영되는 주거 건축술로서 그 구성의 법식과 보존 상태가 훌륭하며, 특히 연경당보다는 낙선재가 지형과 환경에 따라 자유분방하며 다양한 건축물을 보여 주고 있는 점에서 중요한 가치를 지니고 있는 건물이다.

12칸의 낙선재 남행각에 있는 장락문(長樂門)이 정문인데 현재는 94쪽 사진 서행각에서 2칸을 돌출시켜 승용차가 접근할 수 있는 현관을 두었다. 궁궐에 자동차가 도입된 이후에 변경된 모습인 것이다. 장락문의 편액은 고종의 부친인 흥선 대원군 이하응(李昰應;1820~1898년)의 글씨이다.

낙선재는 정면 6칸에 측면 2칸으로 팔자 지붕에 초익공 양식으로 구성되고 서쪽 옆 칸에 정면으로 한 칸을 돌출시켜 누마루로 높직하게 만들고, 장락문을 들어서면 정면으로 누마루가 눈에 들어온다. 누마루 뒤에 방 1칸이 있고 동쪽 2칸이 대청, 다음 2칸이 방이다.

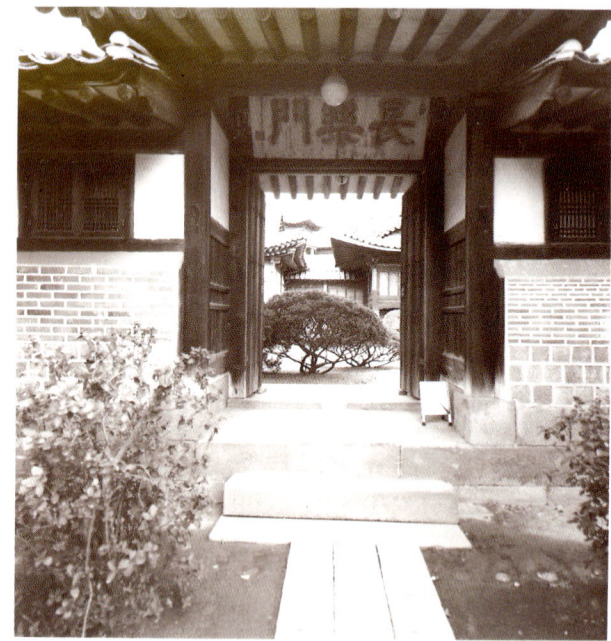

전면에 툇마루를 두었으며 방 동쪽에는 다시 다락방이 있고, 그 밑이 부엌이 되고 다락 뒤쪽에 방이 있고 연접하여 익채가 있어 석복헌과 연결된다.

누마루의 높은 주초석과 그 뒤쪽의 기단부에 설치된 빙렬문(氷裂紋)의 의장 효과와 분합문의 아자살 구성, 방의 세살문과 장식 창호 등의 구성이 흠없이 조화를 이루고 있다. 석복헌과 낙선재 사이는 담장으로 구획되었는데 낙선재 쪽의 담장은 귀갑 문양으로 장식하였다.

95쪽 사진 낙선재 북쪽의 후원(後苑)은 층단진 담장과 전돌로 쌓은 크고 높직한 굴뚝과 4단의 장대석 화계(花階)로 구성하여 지형의 변화를 살려 밝은 공간을 만들고 석분(石盆), 괴석(怪石), 연지(蓮池) 등으

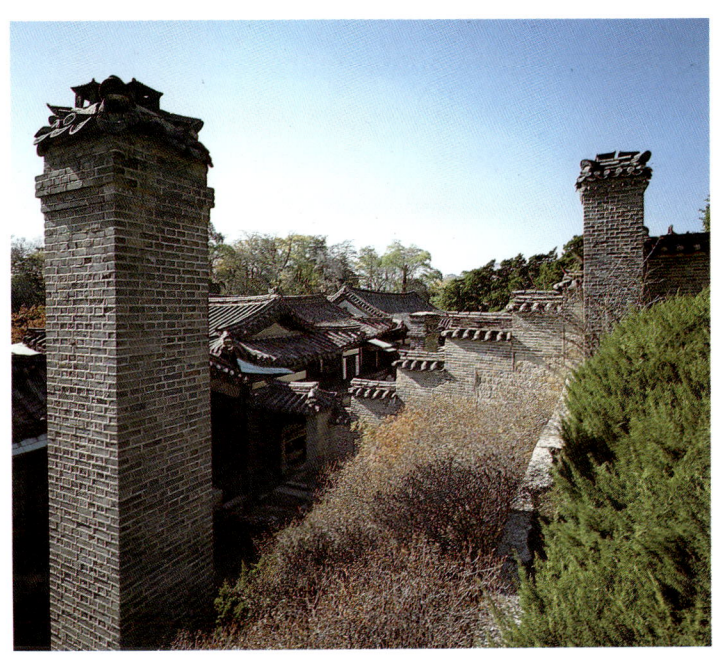

로 요소요소에 장식한 천연스러운 조화미는 가히 일품이 아닐 수
없다.

석복헌도 정면 6칸에 측면 2칸으로 되었으나 양쪽 끝 부분에서
동, 서행각과 연결되어 건물 전체로는 ㅁ자형의 지붕으로 구성되었
으므로 정면으로는 4칸만 보이게 된다. 이 4칸의 전면에는 툇마루가
있고 서쪽 2칸은 온돌방, 동쪽 2칸은 대청이고 그 옆방의 앞 칸에서
익채가 뻗어나가 수강재와 접속된다.

수강재도 정면 6칸에 측면 2칸 구성이며 전면 동쪽 칸에서 동행
각 4칸에 대문간이 있고 동행각 남쪽에서 남행각 7칸이 연속된다.
건물의 양식은 각기둥에 굴도리를 사용한 소로수장 건물로서 낙선
재에 비해 간결한 모습이다.

# 취운정(翠雲亭)

수강재의 뒤뜰 화계 위에 자리잡은 정면 4칸, 측면 3칸의 평면에 굴도리를 사용한 팔작 지붕의 건물로서 서까래가 일반적인 것과는 달리 각재(角材;桶)인 점이 특징이다.

이 건물은 숙종 12년(1686)에 건립된 것으로 기록되어 있고 '동궐도'에도 표현되어 있는 건물이다. 평면상으로 4면의 바깥 기둥 사이에는 아자(亞字) 난간을 두르고 안쪽 기둥(내진주)에만 문짝을 달아 4면의 툇간이 개방되어 있어 좁은 대지를 여유 있는 공간으로 만들었다.

서쪽의 담장에 일각문이 있어 석복헌 뒤쪽의 한정당(閒靜堂)으로 들어가는 문이 된다.


# 한정당(閒靜堂)

97쪽 사진     정면 3칸에 측면 2칸, 홑처마 팔작 지붕에 각기둥과 굴도리를 사용한 소로수장 건물이며 '동궐도형'과 「조선고적도보」의 배치도에서는 이 자리가 빈 터로 표현된 것으로 보아서는 1917년 이후에 옮겨 세워진 것으로 보인다.

정면 3칸 가운데에 2칸만 앞퇴를 두고 동쪽 칸은 누마루로 구성하였고 전면을 제외한 3면에는 쪽마루를 두고 그 위로 아자 난간을 둘렀다.

기단은 정면의 2칸 부분만 두 벌대의 장대석으로 두르고 앞마당에는 석분(石盆)과 괴석(怪石)으로 운치를 더하였다. 툇마루의 서쪽 벽에도 창문을 설치하여 필요에 따라 여닫도록 된 것과 변형된 아자 분합문이 한가로운 분위기를 자아내고 있다.

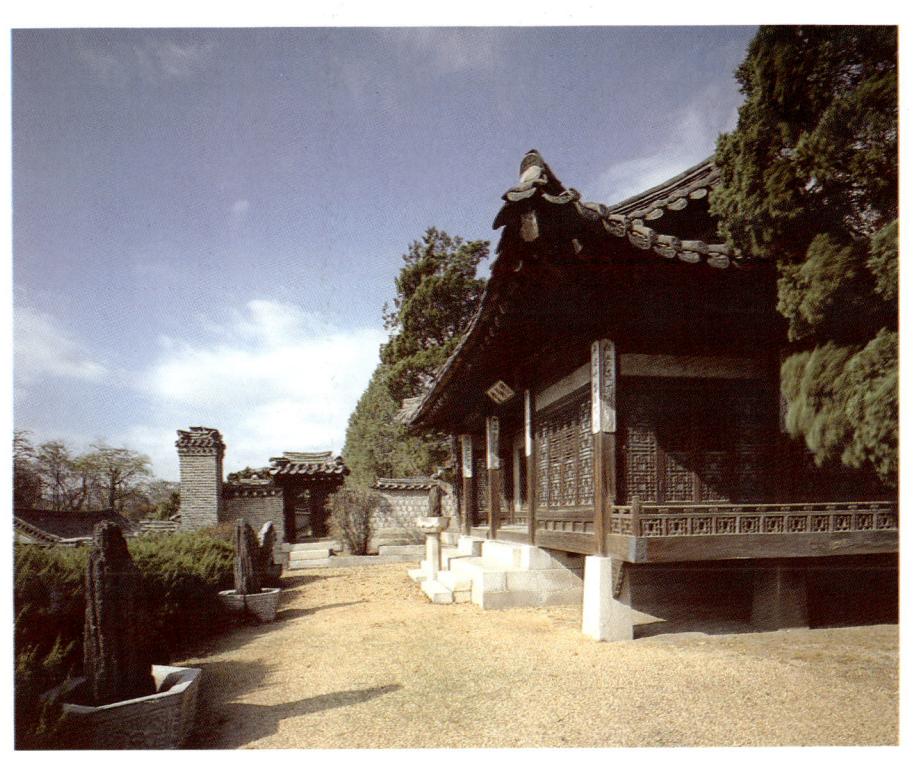

**한정당**　정면 3칸에 측면 2칸, 홑처마 팔작 지붕에 각기둥과 굴도리를 사용한 소로수장
건물이다. 기단은 정면의 2칸 부분만 두 벌대의 장대석으로 두르고 앞마당에는 석분
과 괴석으로 운치를 더하였다.

**낙선재**  순조 28년(1828)에 건립된
연경당보다 20년 뒤에 세워진
낙선재는 궁궐에 조영되는 주거
건축술로서 그 구성의 법식과
보존 상태가 훌륭하며, 특히 지형
과 환경에 따라 자유 분방하며
다양한 건축물을 보여 주고 있는
점에서 중요한 가치를 지니고
있는 건물이다.

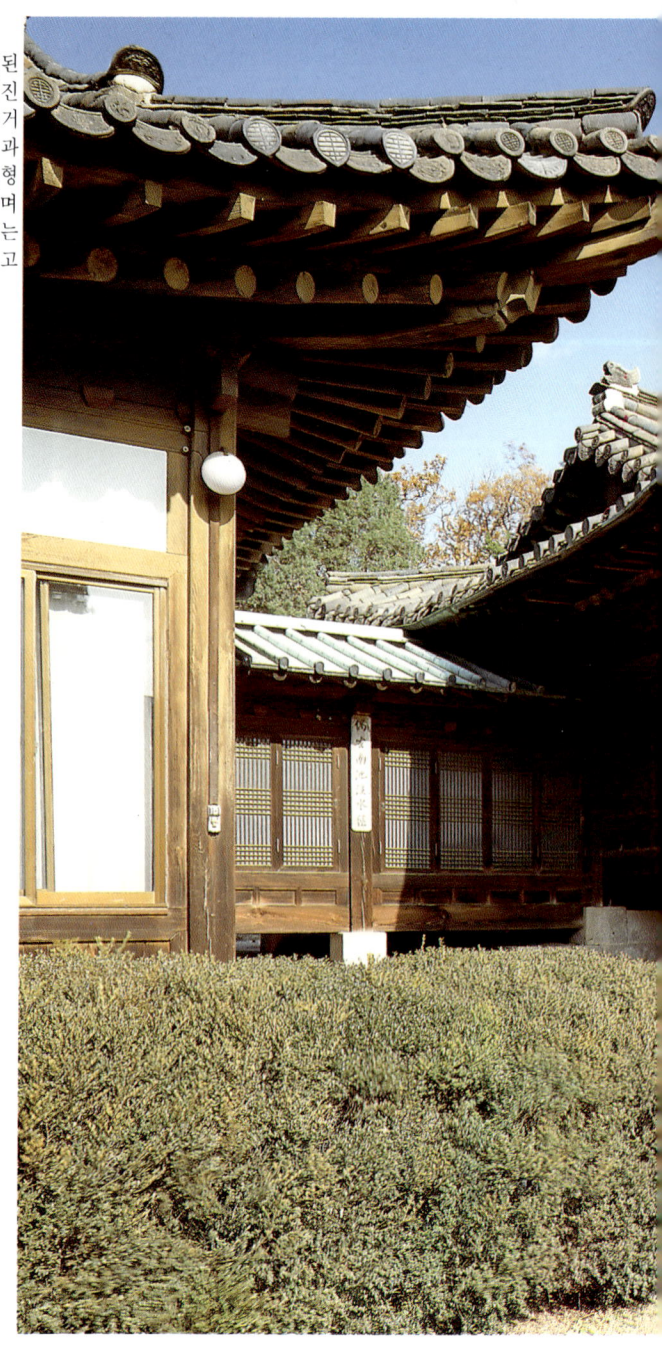

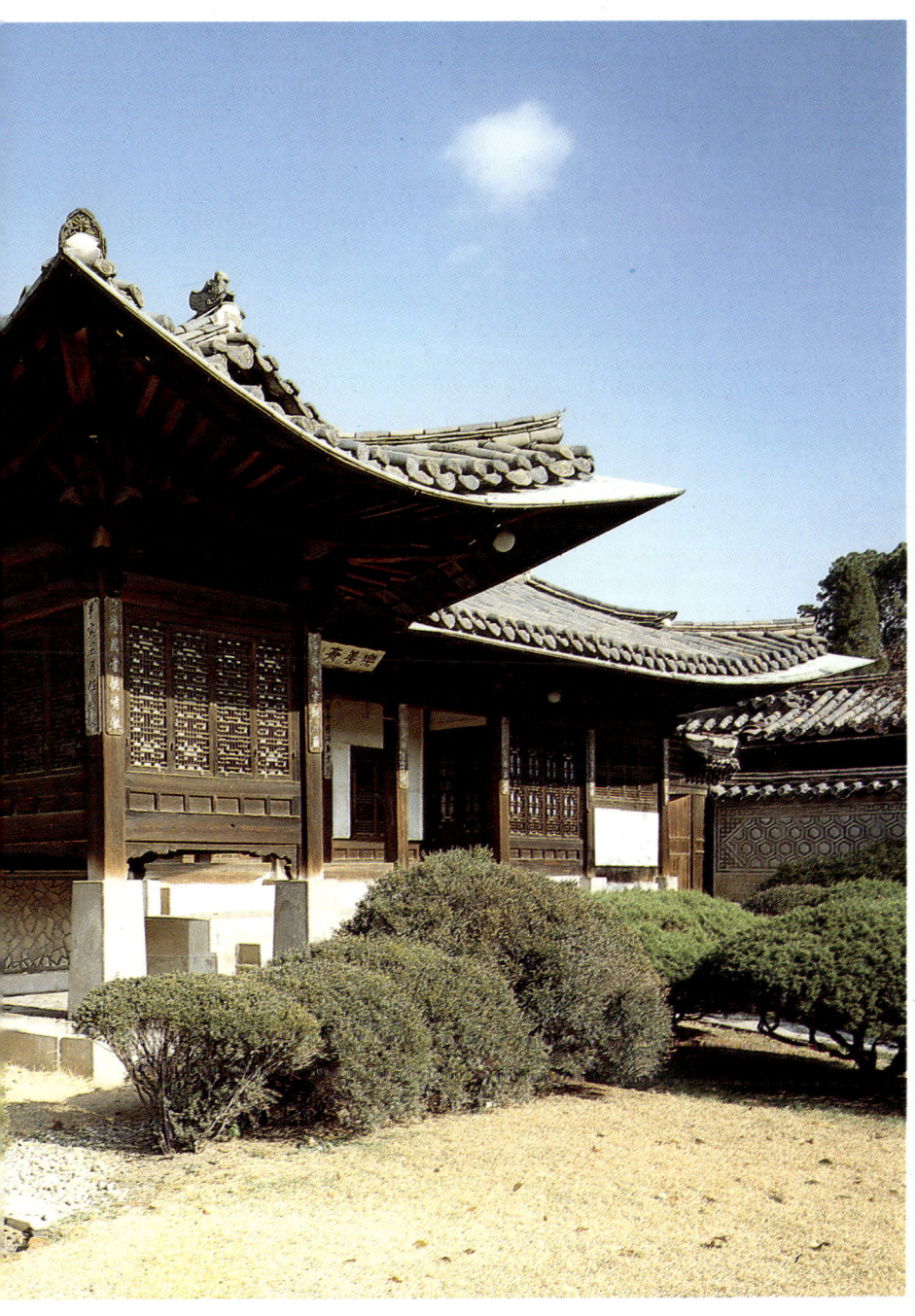

# 상량정(上涼亭)

낙선재 화계 뒤쪽의 후원인 높직한 터 위에 자리한 육각정의 누각 건물이다. 「궁궐지」와 '동궐도형'에서는 육우정(六隅亭) 곧 평원루(平遠樓)라 기록하고 있다.

한 단의 장대석 기단 위에 안쪽으로 다시 한 단을 돌려 쌓고 그 위에 육각형의 돌기둥으로 하층을 세운 뒤 그 위에 계자 난간의 툇마루를 구성하였고 난간의 궁판에는 투각(透刻)하여 치장하고 난간 하부로도 낙양을 두어 장식하였다. 위층의 벽에는 육각형의 기둥 사이로 사분합문의 창살 구성이 독특하고 공포는 일출목(一出目)의 다포 형식이며 겹처마의 육각 지붕 정상에는 절병통을 설치하였다.

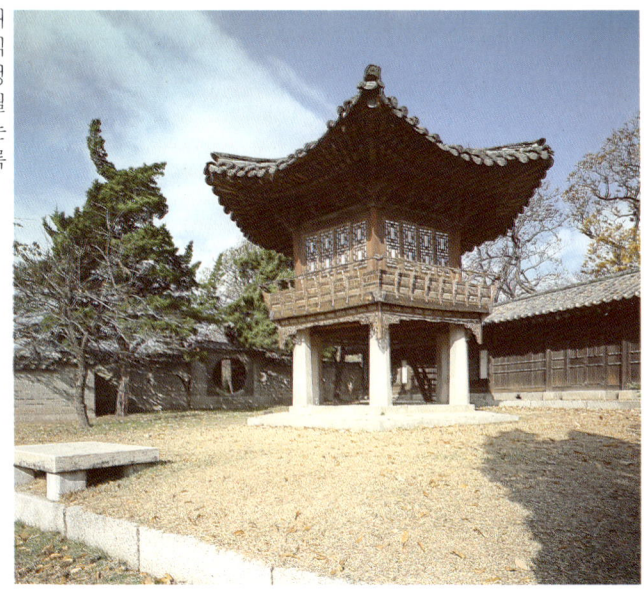

**상량정** 이 건물은 낙선재 화계 뒤쪽의 후원인 높직한 터 위에 자리한 육각정의 누각 건물이다. 「궁궐지」와 '동궐도형'에서는 육우정 곧 평원루라 기록하고 있다.

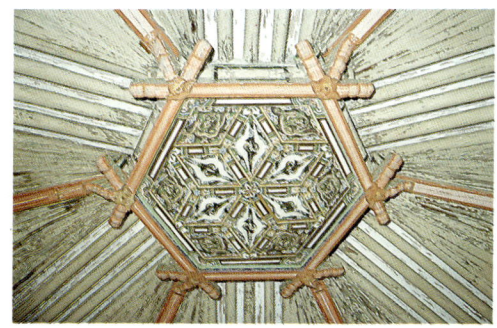

**상량정 천장 구조** 내부의 천장은 서까래가 노출되었으나 중도리 안쪽 육각형의 부분은 마름모꼴의 소란 반자로 구성하고 봉황과 용과 박쥐 문양으로 화려한 단청을 베풀었다.

　내부의 천장은 서까래가 노출되었으나 중도리 안쪽 육각형의 부분은 마름모꼴의 소란 반자로 구성하고 봉황과 용과 박쥐 문양으로 화려한 단청을 베풀었다. 궁궐에 있는 소규모의 정자로서는 이례적으로 치장된 건물이며 이름 그대로 삼복 더위에 납량(納凉)을 하기에 적합한 위치와 규모이다. 상량정 북쪽으로는 낙선재 북행각(北行閣) 일부가 남아 있다.

　이 건물에서 특징적인 것은 일반적인 다포 양식과는 달리 주심포 양식에 가까운 다포 양식의 독특한 모습인 점이다. 일반적으로 기둥 머리를 가로지르고 있는 창방 위에 별도로 설치되는 평방이 생략되었고, 출목도리의 장여를 받고 있는 첨차의 형태가 다포 양식의 단순한 형태와는 달리 주심포 건물의 첨차와 같은 당초 문양으로 조각을 하였다. 이 첨차와 직교되는 부재인 쇠서도 운공 형태 또는 물익공 형태로 둥글둥글하게 조각되어 있으며, 내부에는 출목도리가 없다. 기둥 사이로는 간포(間包)가 2개씩 배치된 포벽(包壁)에는 회벽 대신에 널판으로 만든 장화반(長花盤)을 사용하여 첨차를 도드라지게 새기고 외부 포벽의 문양으로는 금단청에서 사용하는 금문양을 조각한 뒤 단청칠을 하였고, 내부 포벽에는 당초 문양으로 치장하는 등 정교하게 만들었다.

# 만월문(滿月門)

　　상량정의 서쪽 담장에 있는 문으로서 전돌로 만월형의 출입구를 내고 좌우로 밀어 열게 된 넌출문이 달렸다. 바깥쪽 문 좌우 담벽에는 수복(壽福) 등의 길상 무늬와 꽃무늬로 가득하게 채웠다. 궁궐의 협문으로는 유일하게 원형으로 만든 아름다운 문이다.

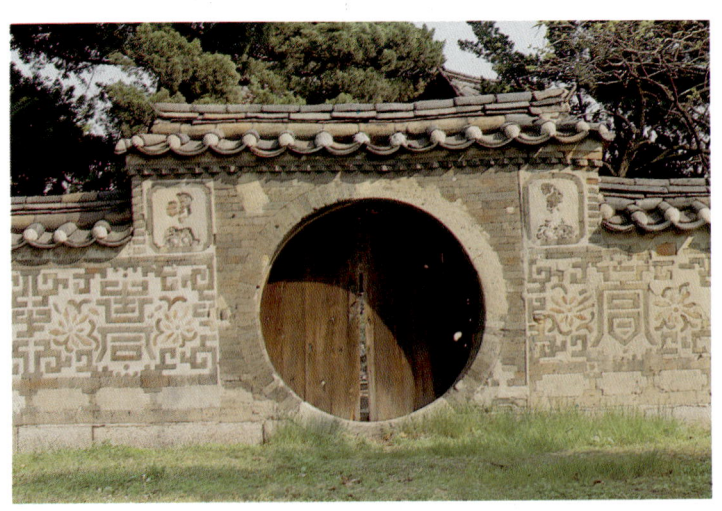

**만월문**　상량정의 서쪽 담장에 있는 문으로서 전돌로 만월형의 출입구를 내고 좌우로 밀어 열게 된 넌출문이 달렸다.(위)
**'동궐도'의 삼삼와, 칠분서, 중희당**　오른쪽 윗부분 큰 건물이 중희당이고 그 오른쪽에 접속된 부분이 칠분서와 육각정인 삼삼와이며 이어서 복도로 연결되고 화면에는 없지만 승화루 곧 소주합루가 계속된다. 현재 중희당 자리는 후원으로 들어가는 진입로가 되었다.(오른쪽)

# 승화루(承華樓) 일곽

인정문에서 후원으로 들어가는 길목의 꺾인 부분 정면에 육각정과 행각, 누각이 중첩 연결되고 난간과 담장의 장식이 오밀조밀하게 베풀어져 있어 창덕궁을 드나들면 반드시 눈길을 끄는 건물군이 있다. 길가에서 건물을 향하여 볼 때에 중앙에 있는 육각정의 명칭이 삼삼와(三三窩)이고, 왼쪽에 복도각 6칸이 있는데 끝의 한 칸은 ㄱ자로 꺾이어 정면을 향하여 어색하게 돌출되어 있다.

이 복도각의 명칭이 칠분서(七分序)이고 육각정의 오른쪽 담장 뒤에 있는 건물이 2층의 승화루이며 승화루와 삼삼와를 연결하는 복도 4칸이 건물 뒤로 늘어서 있다.

이 건물은 현재는 낙선재 후원에 속하는 것처럼 보이지만 칠분서의 꺾인 부분과 연결되는 32칸의 중희당(重熙堂)이 있어 중희당에서 승화루까지 연결되었던 것이 중심 건물인 중희당이 철거된 모습인 것이다.

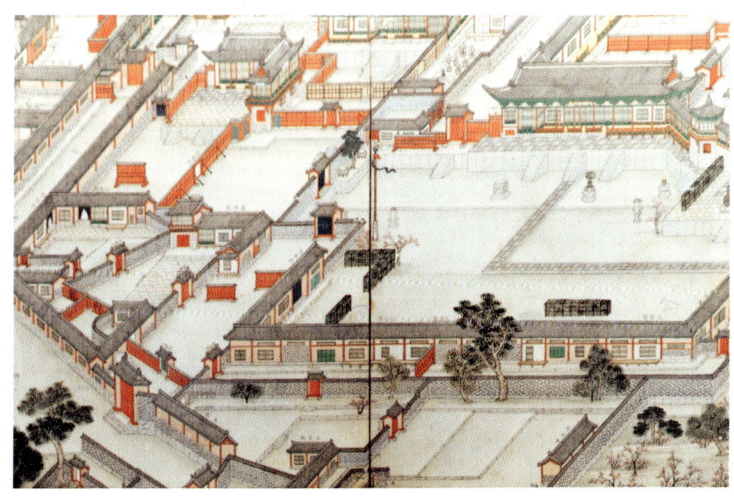

중희당은 정조 6년(1782)에 건립된 기록이 보이고 순조 이후의 화재 때에도 소실된 기록이 없으나 '동궐도형'에는 "건물이 없다(今無)"라고 기재가 되어 있어 1910년 이전에 다른 건물의 중건에 사용한 것으로 추측된다.

## 승화루(承華樓)

상량정 서쪽에 있는 승화루를 「창경궁 궁궐지」에서는 창덕궁 후원의 주합루에 비견하여 소주합루(小宙合樓)라 하고, 아래층을 의신각(儀宸閣)이라 하였다. 연경당의 정문과 낙선재의 정문이 다 같이 장락문(長樂門)인 점과 주변의 누각을 주합루와 소주합루라 한 것에서 창덕궁의 주합루와 창경궁의 낙선재와 승화루의 분위기를 짐작할 수 있다.

주합(宙合)이란 시간(宙;往古來今)과 공간(合;上下四方 곧 六合)을 의미하는 것으로 주합루의 아래층인 규장각은 서고(書庫)로 사용되고, 위층은 어진(御眞), 어제(御製), 어필(御筆), 보책(寶冊) 들을 보관하기도 하였던 것을 생각하면 선왕(先王)의 작품과 동서고금의 책들을 수장하여 시공(時空)이 합치되는 건물이라는 이름이 이해가 되나 소주합루가 같은 용도로 쓰였는지는 확실하지 않다. 다만 아래층의 이름이 의신각으로 '제도(儀)의 궁궐(宸)'이라는 뜻이므로 각종 의궤(儀軌)와 법규책을 보관하지 않았을까 하는 추측을 해볼 따름이다.

순조대에도 소주합루라 불리던 건물이 승화루로 바뀐 시기는 분명하지 않지만 헌종대에 낙선재를 건립한 뒤로 짐작된다.

105쪽 사진 건물의 아래층은 현재 전부 개방되어 있으나 '동궐도'에서는 여기에 방을 꾸민 것으로 표현되어 있고, 현재의 돌기둥 아랫부분에 인방이 끼이는 홈이 남아 있는 것으로 보아 후대에 철거된 것으로 판단된다.

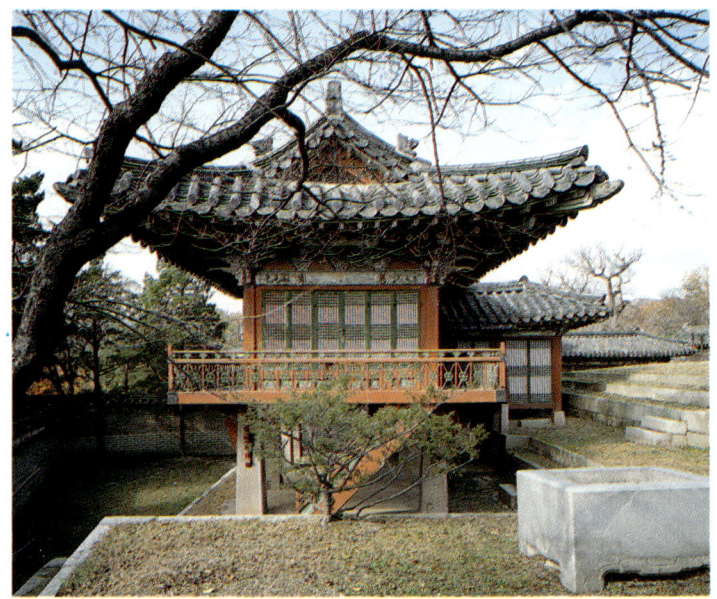

**승화루** 정면 3칸에 측면 1칸의 이익공 겹처마 팔작 지붕의 중층 누각으로 위층에는 사면에 세살 분합문을 달았고 동쪽에 누로 오르는 계단이 설치되었다.

정면 3칸에 측면 1칸의 이익공 겹처마 팔작 지붕의 중층 누각으로 위층에는 사면에 세살 분합문을 달았고 동쪽에 누로 오르는 계단이 설치되었다.

4면에 퇴를 두고 난간을 설치하였는데 난간의 형식이 창덕궁의 부용정과 수원 화성의 방화수류정에 보이는 ⊗형과 유사하나 난간 소동지가 서양풍의 호리병형으로 세장하게 처리된 것이 특이하다.

내부의 천장은 굴도리 높이에 소란 반자를 설치하고 각 칸의 반자 중앙부에는 팔각형으로 감실처럼 한 단 높게 꾸며서 봉황을 그리고 있는 것이 이색적이며, 일반 반자에는 보상화문의 단청을 베풀었다.

### 삼삼와(三三窩)

건물 이름이 독특하게 삼삼와로 부르는 연유는 알려지지 않고 있으나 부용정 남쪽에 있던 개유와(皆有窩)는 중국 서적을 수장하였던 건물이며, 그 의미가 '모든 것이 있는 움집'이라는 점을 고려하면 삼삼와는 '여섯 모 움집'이라는 뜻이며 승화루의 의신각과 함께 귀한 서적을 보관했을 것으로 추측해 볼 수 있다.

육각정인 삼삼와는 한 단의 장대석 기단 위에 기둥 하부로 2단의 장대석을 쌓고 그 위에 초석과 고막이를 돌려 놓고 그 위의 아래층 벽에는 전돌로 귀갑문 장식을 하였다. 바깥쪽 전면에는 툇마루를 두르고 상중하의 삼단으로 구획된 살난간을 두르고 이 난간이 칠분서의 난간과 계단으로 연결되도록 하였다. 육각형의 기둥을 사용한 초익공 겹처마로 지붕의 정상부에는 나지막한 절병통을 설치하고 있다. 현재는 위층의 창호가 세살 분합문으로 되어 있으나 「조선고적도보」의 사진에는 아자(亞子)살 분합문이 설치되었다. 그러므로 이것도 후대에 변화가 생긴 것으로 보인다.

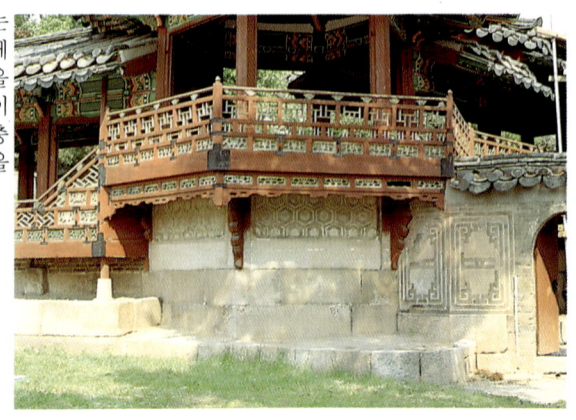

**삼삼와**  육각정인 삼삼와는 한 단의 장대석 기단 위에 기둥 하부로 2단의 장대석을 쌓고 그 위에 초석과 고막이를 돌려 놓고 그 위의 아래층 벽에는 전돌로 귀갑문 장식을 하였다.

## 칠분서(七分序)

육각정인 삼삼와에서 북쪽으로 한 칸 폭의 6칸 건물로서 초익공 구조에 분합문을 설치하고 난간을 두른 복도각인데 건물 이름의 의미는 잘 알 수 없으며 현재는 없는 건물인 중희당과 삼삼와를 연결하는 건물이다.

승화루 일곽의 건립 연대도 불명확하지만 「궁궐지」에 승화루를 가리키는 소주합루와 의신각 그리고 삼삼와와 칠분서가 기록되어 있다. 중희당(重熙堂)이 정조 6년(1782)에 건립되었고 편액이 정조 어필이었으며, 순조 어제 가운데 의신각 시(詩)가 있다는 점과 중희당의 북행각인 유덕당(維德堂)이 순조 27년(1827)에 중수되었고, 유덕당 북쪽의 자선재(資善齋)의 편액이 순조 어필이라 한 점, 또 '동궐도'에 중희당과 승화루 일곽이 연결된 상태로 그려진 점을 종합해 보면 중희당 일곽이 정조 6년에 건립되고 순조 27년에 중수되는 것으로 볼 수 있다. 따라서 승화루 일곽의 건물은 정조 연간에 건립·된 것으로 추정할 수 있다.

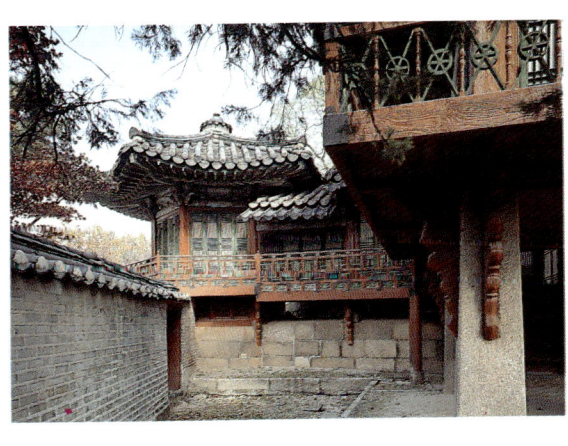

**칠분서, 삼삼와, 승화루** 칠분서는 삼삼와에서 북쪽으로 1칸 폭의 6칸 건물로서 초익공 구조에 분합문을 설치하였다.

# 보존과 관리

　서울에 있는 조선조의 궁궐이 한결같이 몇몇의 주요 건물 위주로 남아 있어 세월의 무상함을 일깨워 주는 역할로는 긍정적이지만, 지나간 영욕을 담당한 역사의 산실이었던 궁궐의 바른 모습을 파악하기에는 너무나 옹색하고 허전한 모습이다.

　특히 궁궐마다 일제 시기에 입은 피해는 이루 헤아릴 수도 없는 지경이며, 궁궐의 역사를 조금이나마 엿보더라도 민족의 혼을 말살시키려는 소아병적인 행위와 국가를 잃은 민족의 설움을 절감하기 마련이다.

　게다가 도시의 규모가 커지면서 궁궐의 터도 팔리거나 잘려나가는 등으로 경역이 줄어든 것은 도시의 활성화를 위한 고육지책(苦肉之策)으로 어쩔 수 없다 하겠으나, 과거의 역사와 문화를 살피고 우리 것으로 소화하기 위해서는 보존과 관리에 더 많은 노력이 필요한 것이다.

　근년에 창덕궁을 비롯하여 창경궁, 경희궁 터, 덕수궁, 경복궁의 정비를 위하여 상당한 예산과 노력이 지속적으로 투입된 것은 반가운 일이 아닐 수 없다.

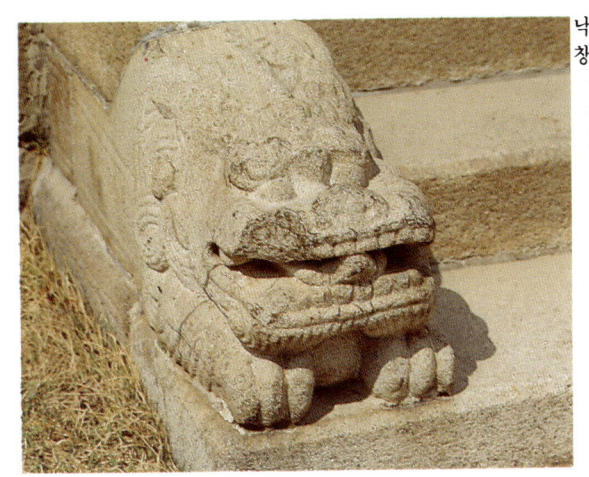

**낙선재 계단의 석수**(왼쪽)
**창덕궁의 꽃담**  과거의 역사와 문화
를 살피고 우리 것으로 소화하기
위해서는 보존과 관리에 더 많은
노력이 필요하다.(아래)

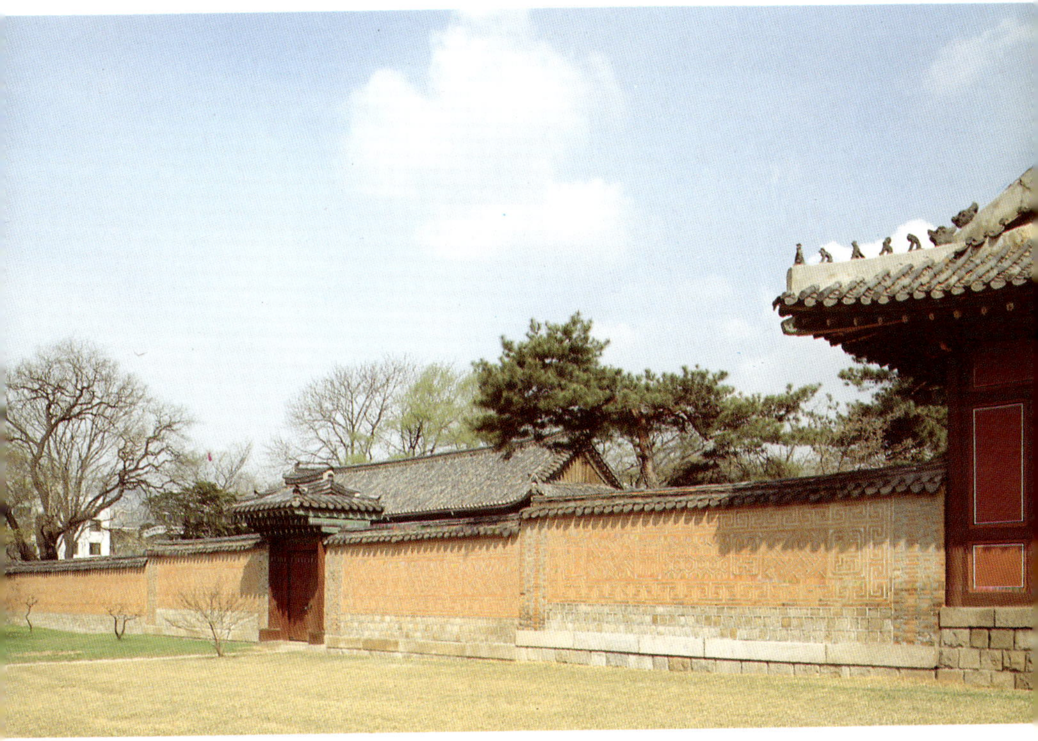

이와 같은 맥락에서 보존과 관리를 위한 발전적인 방향으로 몇 가지 아쉬운 점이 있다.

첫째, 옛 건물들이 들어서 있던 곳을 조경적으로 처리하는 것도 좋으나, 이에 앞서 유구들을 발굴 조사하여 건물을 세우지는 않더라도 건물과 구조물이 있던 자리를 표시라도 하였으면 궁의 모습을 파악하는 데 도움이 될 것이다. 물론 이를 시행하기에는 현실적인 제약들이 많겠지만 가능한 범위 안에 꾸준한 노력을 들인다면 지금보다 더 많은 것들을 보이고 알리는 방법이 될 것이기 때문이다.

둘째, 궁 안의 여러 곳에 있는 우물들이 안전 관리상 투박한 덮개로 봉해져 있지만 이들도 정비하여 정갈한 우물의 모습으로 바꾼다면 운치를 더하는 훌륭한 소재가 될 것이다.

셋째, 궁중의 유물들을 통해 생활상을 살펴볼 수 있도록 종합적인 궁중박물관이 마련되기를 바란다. 궁중 생활의 겉으로 드러난 사항은 개념적으로 알려지고는 있으나, 지엄한 왕실의 생활은 노출시키지 않는 불문율이 지켜져 왔기 때문에 이제는 생활상을 증언해 줄 사람도 없으며, 생활 환경의 파악 여부에 따라서는 역사의 그늘속에 감추어진 내용들이 밝혀질 수 있기 때문이다. 덕수궁의 석조전과 미술관 건물이 궁중박물관으로 꾸며 궁중 유물을 보여 주고 있음은 그런 의미에서 반가운 일이며 성원을 아끼지 않지만, 경복궁의 중앙박물관과 더불어 그 건물이 궁궐을 파괴한 주역이었다는 점이 항상 개운치 않은 여운을 갖고 있다는 문제점이 있다.

또 과연 궁궐의 유물을 얼마나 보관하고 전시할 수 있는가도 생각해 볼 문제이다. 여하튼 유물 창고에 보관된 귀중품보다도 전시되어 활용되는 모조품이 더 훌륭한 가치를 발휘한다는 점에 주목할 필요가 있으며, 아울러 유물들이 전시관으로 이관된다면 지금과 같이 유물 보관상의 문제로 폐쇄된 건물이 개방되리라 기대되기 때문이다.

넷째, 창덕궁은 특별히 보존상의 이유로 제한된 관람으로 공개하고 있으나 개방적인 관람으로 전환되기를 희망한다. 단순한 관광 목적으로만 보여 줄 만한 곳만 부분적으로 공개한다는 것은 학술, 예술, 문화, 역사적인 목적으로 살펴보려는 사람에게는 관람이 금지된 것과 다름없기 때문이다. 물론 특정한 절차를 밟아서 관람하는 제도가 있기는 하지만 현실적으로는 부정적인 면이 많다는 점을 인식해야 할 것이다. 또한 이 문제는 궁중박물관이 개설되면 상당히 해소될 것으로 보이지만, 좀더 적극적인 역사 교육의 마당으로 활용되도록 능동적인 관리로 전환하여 역사와 문화를 살펴보며 오늘을 살아가는 휴게소로서 즐겁게 자주 찾을 수 있는 장소가 되기를 희망하기 때문이다.

다섯째, 궁에 관련된 자료를 복제하여 판매하는 제도가 아쉽다. 예를 들어 「궁궐지」 '동궐도' 각종 궁중 의궤 등의 귀한 자료가 박물관이나 도서관 창고 속에 있어야 한다는 것은 귀한 가치를 숨겨 놓는 결과에 불과하기 때문이다.

마지막으로 궁궐 안의 사진 촬영이 제한되는 것도 개선할 필요가 있다. 촬영으로 유물에 손상이 간다면 모르겠으나 눈에 거슬리는 기사가 발표되는 것을 피하기 위하여 또는 도난 기타의 이유로 노출되는 것을 막기 위하는 등의 본말이 전도된 이유인 것이 더욱 안타깝다.

모든 일에는 좋은 면과 그렇지 못한 양면이 있기에 매사를 주의깊게 처리하는 신중한 검토가 필요하지만 궁궐의 보존과 관리에서도 이제는 감추고 회피하려는 소극적인 방법에서 탈피하여, 이모저모를 보여 주고 더 많은 것을 알리려는 개방적이고 의연한 적극적인 방법으로 전환되기를 바란다. 궁궐이 국민 모두의 유산이며 아울러 모든 사람이 자긍심과 애정을 갖고 가꾸어 나가는 유서깊은 장소가 되기를 바라기 때문이다.

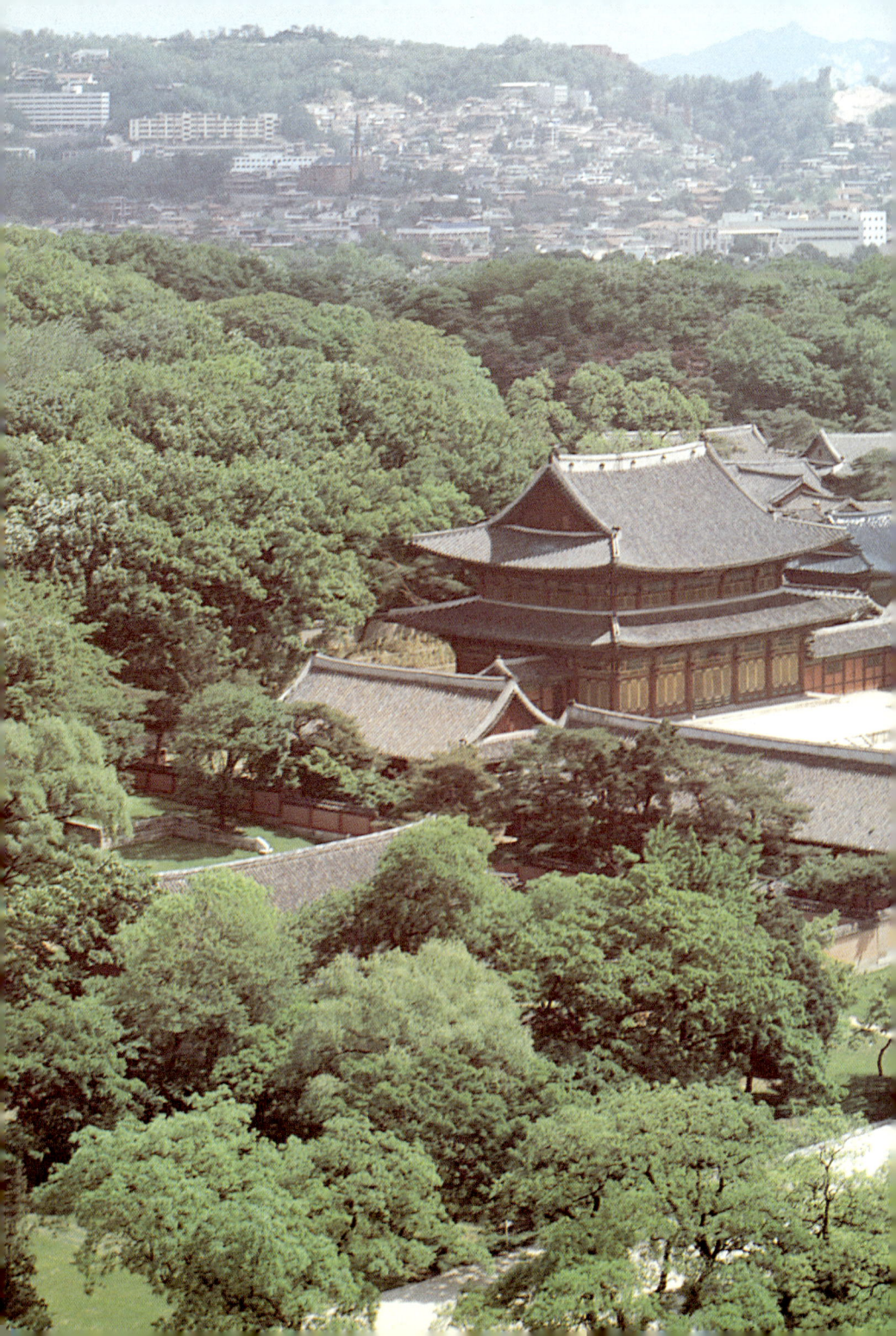

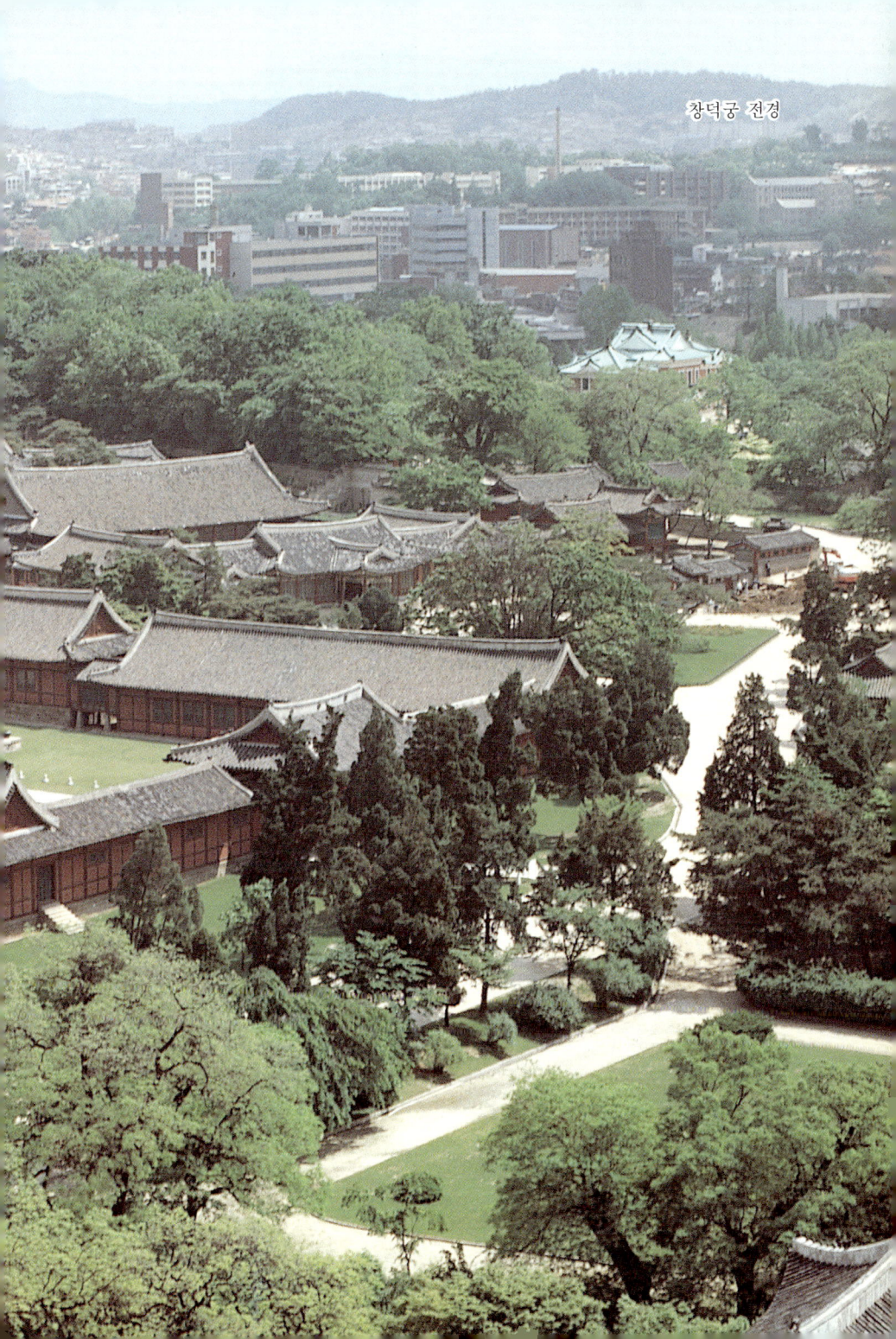

창덕궁 전경

# 창덕궁의 근황

창덕궁의 발굴 조사와 복원 공사가 문화재관리국 주관 아래 지속적으로 추진되고 있어 이전의 모습과는 많이 달라지게 되었다. 이 책에 수록된 내용은 복원 공사 이전의 모습을 알려 주고 있기 때문에 복원 후의 모습에 관하여 추록의 형식으로 살펴보고자 한다.

창덕궁의 복원 사업이 추진된 근본 배경은 기본적으로 궁궐의 제 모습 찾기에 있다. 지난 1995년에 우리나라의 귀중한 문화재인 불국사의 석굴암, 해인사의 팔만대장경과 판고, 종묘가 그 가치를 인정받아 세계적인 문화 유산으로 유네스코에 등록되었다. 이어 창덕궁도 그 후보로 추천되고 있다는 사실은 창덕궁의 복원 사업을 추진하는 데 무시 못할 요인이 되었다고 할 수 있다.

복원 공사가 이루어지는 지역은 돈화문과 인정전 그리고 선정전 일대의 치조(治朝)에 해당하는 부분으로 아직은 공사가 진행 중이어서 여기서는 관련 자료를 위주로 설명하겠다. 공사가 끝난 다음 문헌과 실제와의 상관성을 비교해 보는 것도 의미 있는 일이 될 수 있을 것이다.

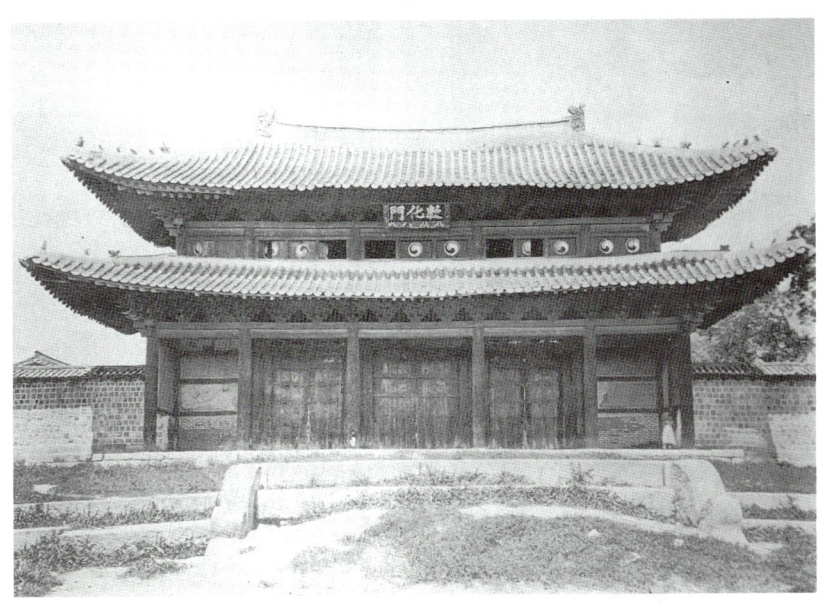

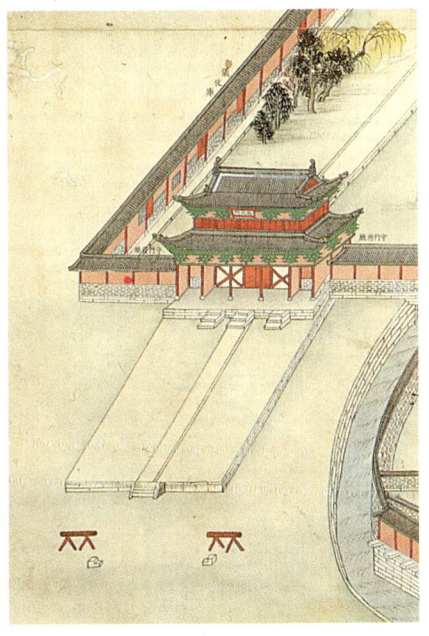

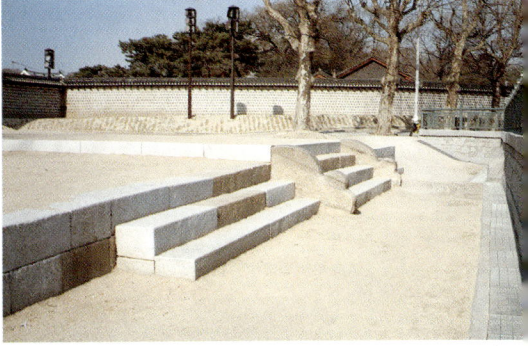

「조선고적도보」에 실린 돈화문 기단 앞의 계단이 소맷돌
에 의해 구분되어 있다.(맨 위)
'동궐도'의 돈화문 월대 월대의 계단이 중앙의 어도에만
있었던 것을 알 수 있다.(왼쪽)
복원된 돈화문 일대의 계단 복원된 월대는 중앙의 계단
좌우로 소맷돌이 놓여 있고 그 좌우로 양변의 계단이
연접해 있다.(위 오른쪽)

앞의 돈화문조에서 언급한 바와 같이 1890년대 왕실에 승용차가 드나들게 되면서 차량의 출입을 위해 돈화문 전면의 기단부가 매립된 것을 1996년 발굴 조사에 의해 원래의 모습으로 복원하였다. 1900년에서 1908년 사이에 작성된 것으로 추정되는 '동궐도형'에서 돈화문의 기단이 담장 안쪽에만 있고 바깥쪽에는 생략되어 있는 것은 시기적인 상황과 일치한다.

　복원된 기단과 월대는 순조 때에 작성된 '동궐도'와 유사한 모습이지만 '동궐도'에서 월대의 계단이 중앙의 어도에만 있는 데 비해 현재는 중앙의 계단 좌우로 소맷돌이 놓여 있고 그 좌우로 양변의 계단이 연접해 있다. 이렇듯 '동궐도'와 차이가 있는 것은 순종이 황제에 즉위하고 창덕궁으로 이어(移御)하기에 앞서 창덕궁의 수리 공사가 있었는데 이 때에 변경된 것으로 추측된다. 『고종실록』에 의하면 1907년 10월에 이어를 대비하여 창덕궁 수리를 지시하고 같은 해 11월 3일에 이어한 것으로 기록되어 있다.

　기단의 측면 선에 맞춰 기단 앞으로 월대가 축조되고 그 중앙에는 다시 어도(御道)가 한 단 높게 구성되어 있다. 이 곳은 임금이 행차하거나 행사가 있을 때에 궁궐 정문 앞에서 의장 행렬이 정렬하여 근엄하게 위의를 갖춘 행사 모습을 백성에게 보여 주는 장소였다.

　계단은 월대가 시작되는 부분과

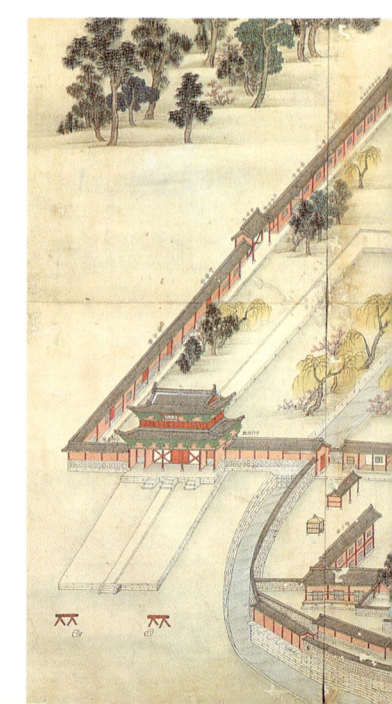

'동궐도'의 창덕궁 外행각 부분 인정전에 도달하기 위해서 삼문인 돈화문, 진선문, 인정문을 거쳐야 하는데 '동궐도'에 나타난 것과 같은 모습으로 복구될 계획이다.

돈화문 기단 앞에 각각 설치되어 있었다. 현재는 도로 포장이 원래의 지반보다 높게 되어 있어 월대가 가라앉은 듯이 보이나 그래도 복원 전보다는 돈화문이 짜임새 있게 보인다.

이전에는 금천교를 지나 인정문 앞이 광장으로 되어 있었으나 진선문과 좌우의 행각이 복원되고 인정문 동편으로 다시 숙장문과 행각이, 그리고 인정문 맞은편의 행각이 복원된다. 따라서 인정문 앞에 큰 마당이 형성되고 문과 문 사이에 어도로 연결되는데, 여기에서 주목할 것은 이 마당이 정방형이 아닌 사다리꼴로 만들어져 있다는 점이다.

창경궁에서 마당의 축이 굴절되고 있는 것처럼 창덕궁에서도 지형에 변화를 주지 않고 적극적으로 이용하는 방법을 도입하였는데 복원한 뒤 시각적인 인식이 어떠할 것인가가 주목되고 있다. 창경궁에서 굴절된 축이 시각적으로 느껴지지 않는 것을 보면 인정문 앞마당도 일그러져 보이지는 않을 것이다.

인정전에 이르려면 돈화문, 진선문, 인정문의 삼문을 통과해야

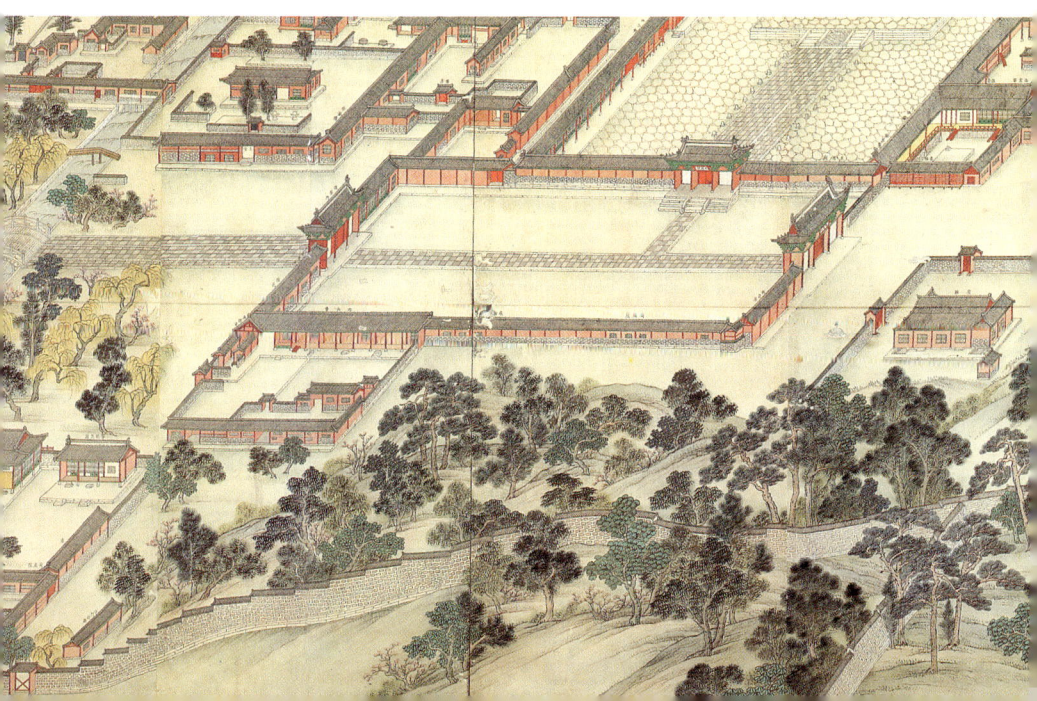

하며 이것은 기본적으로 경복궁의 제도와 같다. 그러나 문의 배치가 굴절되는 동선축에 따라 차이가 있어 창덕궁을 구성할 때 지형을 살리려 했음을 명백하게 보여 준다.

1907년경에 작성된 창덕궁 「궁궐지」에 나타난 진선문과 숙장문을 비교하면 비슷한 규모이나 약간 다른 면도 있다. 문 측면 기둥의 간격이 진선문은 12.5자로 숙장문보다 5치씩 크게 되지만 정면 중앙칸 간격은 15자로 숙장문보다 1자가 적게 되고 기둥의 높이는 14.5자로 동일하다.

포의 구성에서 진선문은 내외 2출목으로 숙장문의 외 2출목·내 3출목의 정형적인 포 구성보다는 간략한 면이 있다. 발굴 조사로 복원된 건물이 기록과 일치되는지의 여부는 현재로서 알기 어려우나 인정문 앞마당에 있는 같은 규모의 대문에 이처럼 차별을 두는 이유가 무엇인지에 대해서는 앞으로 더 연구해야 할 과제라 할 것이다.

행각에는 행사를 할 때 장막의 공급을 담당하는 전설사(典設司)와 경호를 담당하는 호위청(扈衛廳), 궁궐의 시위(侍衛)와 의장 행사를 담당하는 내병조(內兵曹), 옥새와 병사 지휘권을 상징하는 기구들을 관장하는 상서원(尙瑞院) 등 궁궐 경호와 의장에 관계되는 기관이 배치된다.

인정전 동편의 숙장문을 통과해야 임금이 계시는 편전으로 진입할 수 있기 때문에 인정문 앞의 경계가 삼엄했던 곳임은 당연하다 할 수 있다.

「조선고적도보」에는 진선문과 인정문의 사진이 수록되어 있어 당시의 모습을 살필 수 있다. 진선문은 인정문과는 달리 단청 문양이 간략하게 베풀어져 있으며 숙장문은 사진이 없는 것으로 보아 진선문보다 먼저 철거된 것으로 짐작된다.

고증에 의해 기존의 변형된 인정문을 바로잡았고 인정전 월랑

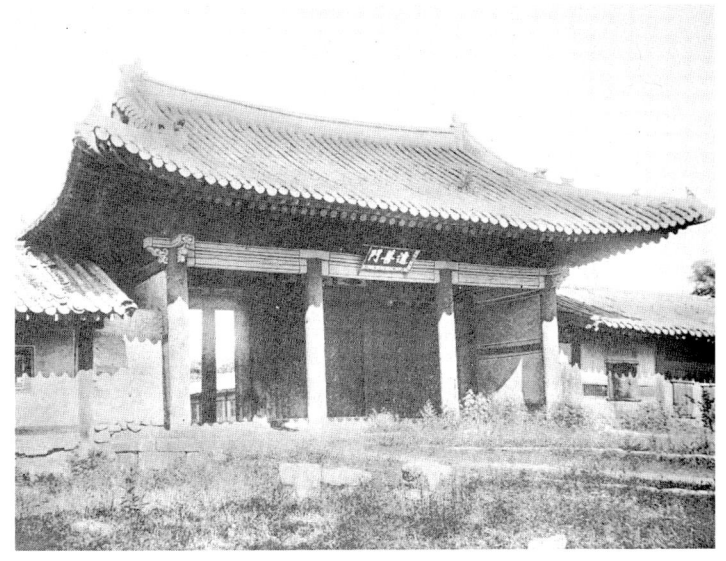

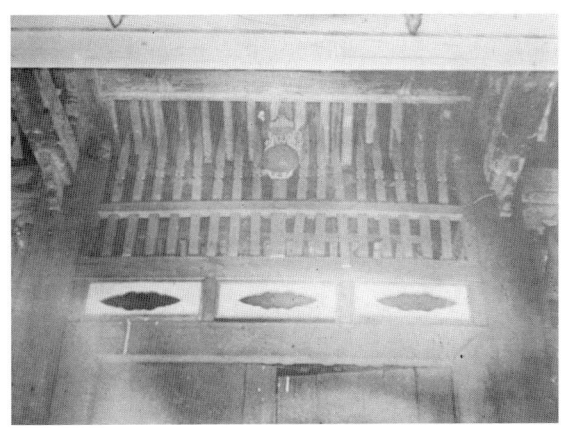

「조선고적도보」에 실린 진선문 순종 황제가 덕수궁에서 창덕궁으로 이어한 1907
년 이전에 촬영된 것으로 기둥 위의 창방과 평방에 긋기단청으로 치장된 것이
인정문의 모로단청과 대조된다.(맨 위)
「조선고적도보」의 진선문 홍살 판문 위로 안상을 투각한 궁판과 홍살이 설치
되어 있다.(아래)

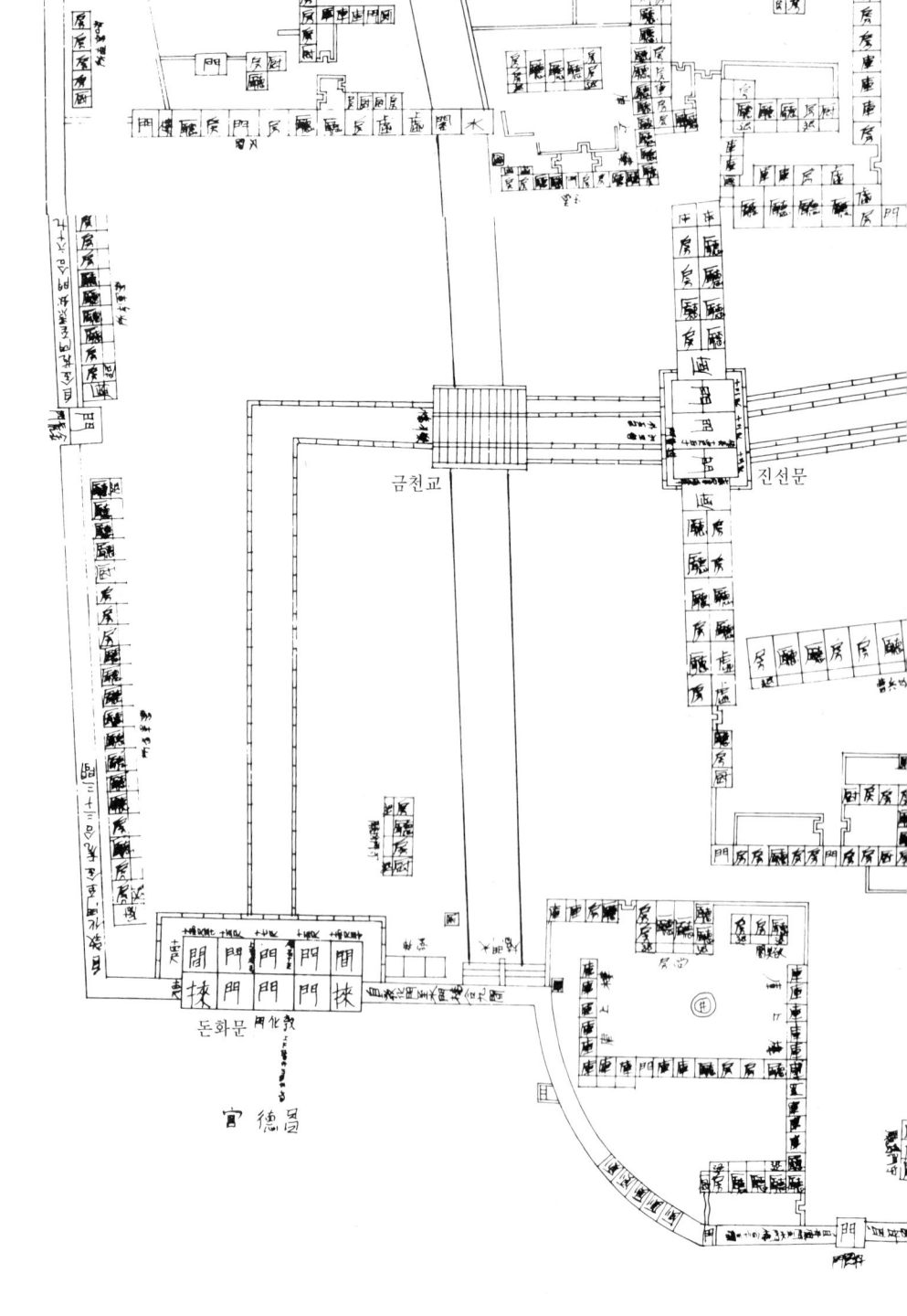

금천교

진선문

돈화문 敦化門

宮德을

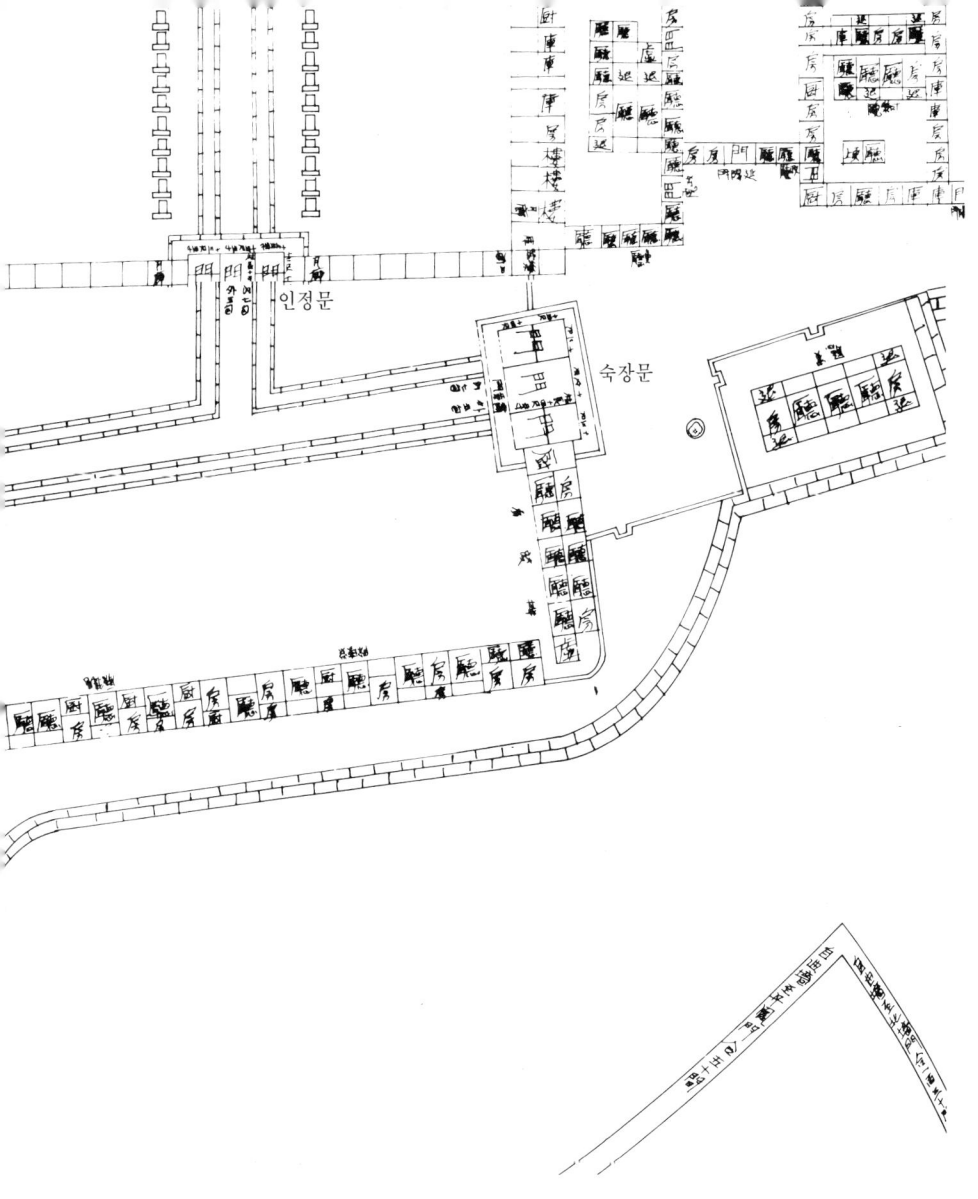

‘동궐도형’의 인정문 외행각 부분 왼쪽 아래의 돈화문을 거쳐 금천교를 지나 진
선문이 있고 가운데 인정문 동편에 숙장문이 있고 그 주위를 행각이 둘러싸
고 있다. 건물의 용도에 따라 온돌방은 방(房), 마루는 청(廳), 창고는 고(庫)
로 표기하였다. 인정문 위쪽으로 품계석이 그려 있고 인정문 남행각의 아래쪽
으로 길게 연속된 선은 석축을 의미하며 담장선에 요철의 형태로 표현된 협
문은 진입 방향을 알 수 있도록 그렸다.

과 회랑도 지붕이 트러스 구조로 바뀐 것을 해체하여 복원하였다. 또 인정전 주위로 복도각 등 추가된 부분을 철거, 정비하여 이전보다 인정전이 돋보이게 되었다.

인정전 동편의 선정전은 주위 행각을 해체하여 1920년대 중건 때 변형된 부분을 바로잡고 있으나 주변의 건물 때문에 원래 모습을 어떻게 살릴 것인지 결과가 기대된다. 선정전 자체의 외관도 변형된 부분이 적지 않으며 아직은 복원을 않고 있으나 차후에 시행될 것으로 보인다.

일제시대 창덕궁의 모습이 크게 바뀌었기 때문에 당시의 건물들을 그대로 남겨 놓은 상태에서 조선시대 본래 창덕궁의 진면모를 살려내기에는 큰 어려움이 있다. 하지만 적어도 현재 진행 중인 복원 공사가 끝나게 되면 허전함을 감출 수 없었던 이전의 상황과는 크게 달라질 것이다. 특히 긴장감을 느끼게 하는 고종 때에 중건된 경복궁과 지세를 살려 조영한 유서 깊은 창덕궁을 비교할 수 있을 것이고 조선시대 궁궐 가운데 가장 잘 보존된 창덕궁을 만날 수 있을 것이다.

# Ch'angdŏk Palace

Located in Seoul, the capital of the Republic of Korea, Ch'angdŏk Palace, built during the Chosŏn Dynasty(1395~1910), has more buildings preserved than any other palace from that period. The palace is designated as Historical Site No. 122, and it covers a total area of 580,000 square meters, although the main palace grounds which do not include the Secret Gardens cover an area of 120,000 square meters.

The capital of the Chosŏn Dynasty was moved from Kaesŏng in the north to Hanyang (today's Seoul) in 1392, but construction on the palace actually began in October of 1404 during the 4th year of the reign of King T'aejong. Construction of the main building Chŏngjŏn began in February of 1405 and was completed in October of the same year. From then on, the palace was called Ch'angdŏk, or "Palace of Prospering Virtue." Since the palace was east of the existing palace, Kyŏngbok, it was often referred to as the "East Palace."

The current palace grounds are somewhat larger than the original grounds, since succeeding kings often had additions made during the palace's long history, and Ch'angdŏk Palace was a favorite place of the kings during the dynasty. Although Kyŏngbok Palace was in fact larger, Ch'angdŏk was a favorite of the kings because it was the most purely Korean of all the palaces.

Kyŏngbok Palace was built on level ground and served the official functions of a palace. It was built according to planning and specifications for an official residence to meet the requirements of the capital city. Ch'angdŏk Palace, however, was designed and built according to more Korean specifications handed down from the Three Kingdoms Period, and consequently retained much more that was uniquely Korean.

After the Japanese Occupation which began in 1910, however, parts of the palace grounds were rearranged, partially destroyed, and even taken to Japan. As with the other palaces, Ch'angdŏk Palace also had many of its auxiliary buildings removed, and in general the grounds lost much of their authenticity. Ch'angdŏk Palace was ideally located, however: to the east was Ch'angkyŏng Palace, to the southeast was Chongmyo (site of the royal family's ancestral tablets and memorial shrines), and to the west was the offical residence, Kyŏngbok Palace.

The main structures of Ch'angdŏk Palace include the gate, Tonhwamun, the beautiful granite bridge Kŭmchŏn-gyo, and the Injŏngjŏn which served for official state functions. The Sŏnjŏngjŏn was used for affairs of state between the king and his ministers. The Taejojŏn served as the queen's quarters as well as the king's sleeping quarters, and as educational quarters for the princes. The original quarters were destroyed on several occasions, and during the Japanese Occupation the existing quarters became somewhat westernized. The current quarters are a combination of both Korean and western styles.

Other major buildings on the palace grounds included Hamwon-jŏn, Kyŏnghungak, Kajŏngdang, Ŏchago, Naeŭiwon and **Sŏng jŏngkak**, the Kwanmulhŏn, the old Sŏnwonjŏn, Naksŏnjae,Chwiwun jŏng, Han jŏngdang, Sangryangjŏng, Manwolmun, Sŭnghwaru, Samsamwa, and Chilvunsŏ.

A particularly distinctive feature of Ch'angdŏk Palace is the fact that it was built with minimum effect on the natural env-ironment and designed to harmonize with nature as completely as possible. Buildings were designed and constructed to blend easily with the immediate surroundings and even directions were given careful consideration in planning and building. Space was utilized to provide distinctly different atmospheres throughout the grounds. Also, careful consideration was given to provide continuous yet different views from each site on the grounds.

At the same time, however, the grounds retained a great deal of privacy for palace life, as evidenced by the small number of entrances. But there is a large number of artifacts which have been preserved to inform us of life in the inner world of the palace. And even today, Ch'angdŏk Palace remains the most Korean of all palaces.

# 참고 문헌

'동궐도' 고려대학교 박물관 소장본.
'동궐도형' 한국정신문화연구원 소장본.
「창덕궁 영건도감 의궤」 순조 34년(1834)본.
「인정전 영건도감 의궤」 순조 5년(1805)본.
「인정전 중수 의궤」 철종 8년(1857)본.
「궁궐지」 헌종 연간본.
「궁궐지」 고종 연간본.
「증건도감 의궤」 고종 광무 4년(1900)본.
「한경지략」 류본예, 1830년본.
「조선고적도보」 권 10, 조선총독부, 1930.
「왕궁사」 이철원, 1954.
「서울특별시사 고적편」 서울특별시사 편찬위원회, 1963.
신영훈 '궁궐지(고)' 「고고미술」 103, 104호, 1969.
이창교 '동궐도(고)' 「문화재」 8호, 문화재관리국, 1974.
「조선조 왕궁 중요 건축물 지정조사서(Ⅰ)」 문화재관리국, 1984.
「창경궁 발굴 조사보고서」 문화재관리국, 1985.
「궁중유물도록」 문화재관리국, 1986.
「서울600년사 문화사적편」 서울특별시사 편찬위원회, 1987.
「서울의 어제와 오늘」 서울특별시, 1988.
「한옥의 건축 도예와 무늬」 대한건축사협회, 1989.

**빛깔있는 책들 102-13**

# 창덕궁

글 | 장순용  사진 | 김종섭

발행인 | 김남석

초판 1쇄 | 1990년 10월 31일
초판 9쇄 | 2018년 07월 25일

발행처 | ㈜대원사
주   소 | 135-945 서울시 강남구 양재대로 55길 37, 302
전   화 | (02)757-6711, 6717~9
팩시밀리 | (02)775-8043
등록번호 | 제3-191호
홈페이지 | http://www.daewonsa.co.kr

Daewonsa Publishing Co., Ltd
Printed in Korea (1990)

ISBN | 89-369-0032-3  00540

# 빛깔있는 책들

## 건강 식품(분류번호:202)

## 즐거운 생활(분류번호:203)

## 건강 생활(분류번호:204)

## 한국의 자연(분류번호:301)

## 미술 일반(분류번호:401)

## 역사(분류번호:501)